目录 CONTENTS

  任务2 安装模拟量采集器 ························96
  任务3 使用温湿度自动控制软件 ················101
 能力拓展 ··105
 延伸阅读 ··108

项目6 模拟操作社区门禁卡

 项目描述 ··109
 学习内容 ··110
  任务1 安装与调试RFID设备 ······················110
  任务2 制作门禁卡和门禁柔性标签 ············120
 能力拓展 ··125
 延伸阅读 ··126

项目7 安装智能家居安防监控系统

 项目描述 ··127
 学习内容 ··128
  任务1 制作网线 ··································128
  任务2 搭建局域网 ······························133
  任务3 配置网络层设备 ························145
 延伸阅读 ··153

项目8 模拟智慧农业无线采集系统

 项目描述 ··155
 学习内容 ··155
  任务 安装与调试智慧农业无线采集系统 ·······156
 延伸阅读 ··168

项目9 安装与调试智能家居相关设备

 项目描述 ··171
 学习内容 ··172
  任务1 安装与连接模拟量采集器及相关变送器设备 ···172
  任务2 安装数字量采集器及数字量传感器 ····183
 延伸阅读 ··192

项目10 安装与调试智慧社区相关设备

 项目描述 ··193
 学习内容 ··194
  任务1 安装与调试模拟量传感器、采集器及相关设备 ···194
  任务2 安装与调试数字量传感器、采集器及相关设备 ···203
 能力拓展 ··220
 延伸阅读 ··221

CONTENTS 目录

前言
二维码索引

项目1 安装照明装置

项目描述 1
学习内容 2
 任务1 安装LED照明灯 2
 任务2 安装报警灯 15
能力拓展 19
延伸阅读 21

项目2 安装风向风速测试装置

项目描述 23
学习内容 24
 任务1 安装与检测风向传感器 24
 任务2 安装与检测风速传感器 31
能力拓展 37
延伸阅读 38

项目3 安装室内、室外二氧化碳测试装置

项目描述 39
学习内容 40
 任务 安装并测试二氧化碳传感器 40
能力拓展 49
延伸阅读 50

项目4 安装火灾报警系统装置

项目描述 53
学习内容 54
 任务1 安装烟雾、火焰传感器 54
 任务2 安装报警设备 62
 任务3 安装数字量采集器 70
能力拓展 81
延伸阅读 83

项目5 安装温湿度自动控制系统

项目描述 85
学习内容 86
 任务1 安装室内、室外温湿度传感器 86

二维码索引

序号	视频名称	二维码	页码	序号	视频名称	二维码	页码
1	1-1 安装照明灯		14	10	5-2 使用温湿度自动控制软件		104
2	1-2 安装报警灯		19	11	6 安装与调试RFID设备		119
3	2-1 安装与检测风向传感器		31	12	7-1 制作网线		133
4	2-2 安装与检测风速传感器		36	13	7-2 搭建局域网		144
5	3 安装室内、室外二氧化碳传感器装置		49	14	7-3 配置网络层设备		152
6	4-1 安装烟雾、火焰报警器		61	15	9-1 智能家居安防安装与调试		182
7	4-2 安装报警设备		70	16	9-2 人体红外传感器安装		191
8	4-3 安装数字量采集器		81	17	LED显示屏安装与调试		220
9	5-1 安装温湿度自动控制系统		95				

(续)

项 目	任 务	学时
项目5　安装温湿度自动控制系统	任务1　安装室内、室外温湿度传感器	2
	任务2　安装模拟量采集器	4
	任务3　使用温湿度自动控制软件	2
项目6　模拟操作社区门禁卡	任务1　安装与调试RFID设备	3
	任务2　制作门禁卡和门禁柔性标签	3
项目7　安装智能家居安防监控系统	任务1　制作网线	4
	任务2　搭建局域网	4
	任务3　配置网络层设备	4
项目8　模拟智慧农业无线采集系统	任务　安装与调试智慧农业无线采集系统	4
项目9　安装与调试智能家居相关设备	任务1　安装与连接模拟量采集器及相关变送器设备	4
	任务2　安装数字量采集器及数字量传感器	4
项目10　安装与调试智慧社区相关设备	任务1　安装与调试模拟量传感器、采集器及相关设备	4
	任务2　安装与调试数字量传感器、采集器及相关设备	4

　　本书由王恒心和李江任主编，李龙和杨佳佳任副主编，郑方方、黄敏恒、陈旭和陈锐参加编写。其中，项目1~3由王恒心编写，项目4、5由李龙编写，项目6由杨佳佳编写，项目7由郑方方编写，项目8由黄敏恒、陈旭和陈锐编写，项目9、10由李江编写。黄敏恒、陈旭负责本书的部分材料的收集和视频制作工作，杨佳佳负责本书的书稿整理工作。本书还得到了北京新大陆时代教育科技有限公司的大力支持和帮助，在此谨表示衷心的感谢。

　　由于编者水平有限，书中难免存在错误或疏漏，敬请广大读者批评指正。

编　者

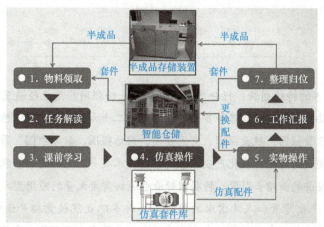

本书在编写过程中引入企业项目资源,综合多所学校所积累的教学经验,通过校企合作的方式来保障内容的科学性、新颖性和适用性。

➢ 课程目标

学完本课程后,读者可根据应用需求完成物联网设备的认知与选型;能够借助课程资料和操作微视频,针对具体的应用需求完成物联网相关设备的安装,并能针对所存在的问题进行调试排错;能够使用万用表进行线路检修与测量;能够熟练使用各种安装必备工具,如剥线钳、不同型号螺钉旋具、压线钳;能认知耗材以及耗材的作用、耗材整理办法;能读懂设备的连接线路图,按照电工接线工艺标准进行走线;能认知以及连接RFID读卡器、学会操作高频与超高频的读写信息;能认知RFID设备、学会认识硬件设备并接线;能够配置网络层设备、完成网线的制作及测试;能够使用Visio软件绘制拓扑图;能够安装ZigBee并烧写与配置;能够在项目实施过程中积极交流和沟通,培养团队合作精神;具备创新意识,学会去发现问题、分析问题和解决问题,并具备评判性思维能力;具备规范意识和安全素养,能有序高效地组织生产学习活动。

➢ 教学建议

本书建议教师采用信息化教学环境,尽可能地在互动的环节中完成教学任务。教学参考学时数为64学时(见下表),最终学时的安排,教师可根据教学计划的安排、教学方式的选择(集中学习或分散学习)、教学内容的增删自行调节。

项 目	任 务	学 时
项目1 安装照明装置	任务1 安装LED照明灯	2
	任务2 安装报警灯	2
项目2 安装风向风速测试装置	任务1 安装与检测风向传感器	2
	任务2 安装与检测风速传感器	2
项目3 安装室内、室外二氧化碳测试装置	任务1 安装并测试二氧化碳传感器	4
项目4 安装火灾报警系统装置	任务1 安装烟雾、火焰传感器	2
	任务2 安装报警设备	2
	任务3 安装数字量采集器	2

前言

随着物联网技术的持续创新，行业应用不断拓展，物联网应用已经遍及智能交通、环境保护、政府工作、公共安全、智能家居等多个领域。党的二十大报告提出的"推进新型工业化，加快建设制造强国、质量强国、航天强国、交通强国、网络强国、数字中国"等都离不开物联网技术，物联网技术已经成为建设现代化产业体系的重要技术之一，它作为新一代信息技术的重要代表，已经成为我国经济的新增长引擎，物联网行业也迫切需要大量的应用型人才。

在政策环境、产业背景和人才需求的推动下，许多职业院校竞相开设物联网应用技术专业，但因缺乏可直接借鉴的成功经验，在专业建设中不免暴露出课程体系未能打破学科壁垒、实训室和实训设备与实际教学脱节、缺乏教材和教学资源等诸多问题。

在此背景下，为抓住职业教育新一轮课改的契机，开发适用的教材，顺应社会发展、师生发展的需要，我们组织编写了本书。

➢ 本书内容

全书共设计安装照明装置、安装风向风速测试装置、安装室内室外二氧化碳测试装置、安装火灾报警系统装置、安装温湿度自动控制系统、模拟操作社区门禁卡、安装智能家居安防监控系统、模拟智慧农业无线采集系统、安装与调试智能家居相关设备、安装与调试智慧社区相关设备共10个教学项目。每个项目中包含项目描述、学习内容、任务描述、任务准备、任务实施、任务评价、能力拓展、延伸阅读等教学环节，并在"延伸阅读"环节中融入课程思政元素。通过项目式的描述、任务式的操作，获得直观、贴近实际的体验与认知，并在此基础上深化基础知识与技能的学习，这一流程的设计遵循先具体后抽象的认知特点，注重学习能力的培养，为后续专业发展服务。

➢ 本书特色

本书由温州市职业中等专业学校和北京新大陆时代教育科技有限公司合作开发。本书设计充分体现"做中学""学中做"理念，通过应用情境的故事化和项目设计的趣味性来培养学生的学习兴趣，摒弃空洞的理论讲解，借助大量的实践操作来感知、体验物联网设备和应用系统，提升物联网系统集成能力。本书以教学项目的实施为主线，注重实践性，充分利用物联网专业本身的特点，综合运用多种技术和定制的软硬件平台，实现教学与管理的信息化，以课程为主线，针对每个工作任务提供大量的课程教学资源，倡导学生自主学习，注重学生学习能力的提升。

除了与本书匹配的相关教学资源外，还通过校企合作的方式定制开发与实操完全匹配的虚拟仿真软件并设计相应的教学任务，解决了虚拟仿真与实际操作脱节的问题。读者可通过虚拟仿真操作理清操作环节和工作机理，然后通过实际操作来进一步验证效果，提高实践教学的有效性。本课程教学过程主要由物料领取、任务解读、课前学习、仿真操作、实物操作、工作汇报、整理归位7个步骤组成，特别注重工作过程的完整性和良好职业习惯的养成。

关于"十四五"职业教育国家规划教材的出版说明

为贯彻落实《中共中央关于认真学习宣传贯彻党的二十大精神的决定》《习近平新时代中国特色社会主义思想进课程教材指南》《职业院校教材管理办法》等文件精神，机械工业出版社与教材编写团队一道，认真执行思政内容进教材、进课堂、进头脑要求，尊重教育规律，遵循学科特点，对教材内容进行了更新，着力落实以下要求：

1. 提升教材铸魂育人功能，培育、践行社会主义核心价值观，教育引导学生树立共产主义远大理想和中国特色社会主义共同理想，坚定"四个自信"，厚植爱国主义情怀，把爱国情、强国志、报国行自觉融入建设社会主义现代化强国、实现中华民族伟大复兴的奋斗之中。同时，弘扬中华优秀传统文化，深入开展宪法法治教育。

2. 注重科学思维方法训练和科学伦理教育，培养学生探索未知、追求真理、勇攀科学高峰的责任感和使命感；强化学生工程伦理教育，培养学生精益求精的大国工匠精神，激发学生科技报国的家国情怀和使命担当。加快构建中国特色哲学社会科学学科体系、学术体系、话语体系。帮助学生了解相关专业和行业领域的国家战略、法律法规和相关政策，引导学生深入社会实践、关注现实问题，培育学生经世济民、诚信服务、德法兼修的职业素养。

3. 教育引导学生深刻理解并自觉实践各行业的职业精神、职业规范，增强职业责任感，培养遵纪守法、爱岗敬业、无私奉献、诚实守信、公道办事、开拓创新的职业品格和行为习惯。

在此基础上，及时更新教材知识内容，体现产业发展的新技术、新工艺、新规范、新标准。加强教材数字化建设，丰富配套资源，形成可听、可视、可练、可互动的融媒体教材。

教材建设需要各方的共同努力，也欢迎相关教材使用院校的师生及时反馈意见和建议，我们将认真组织力量进行研究，在后续重印及再版时吸纳改进，不断推动高质量教材出版。

机械工业出版社

项目 1

安装照明装置

Project 1

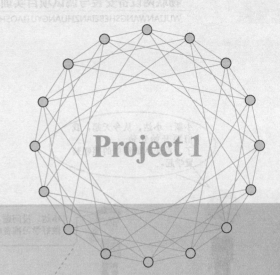

项目描述

随着电子技术的发展，照明装置在人们的日常生活中越来越普及。除了提供照明外，其对室内、室外环境的装饰作用也日益凸显。另外，照明装置也逐渐应用到工业生产领域，经常被安装到设备上，起到设备运行状态的提醒作用和安全生产的报警提示作用。本项目，将学习安装LED照明装置和报警灯。

学习内容

- 安全用电常识。
- 实训室规章制度。
- 正确选用LED照明灯、报警灯安装工具。
- 正确安装走线槽。
- 正确连接设备导线。
- 正确通电测试照明设备。

任务1 安装LED照明灯

任务描述

熟悉实训室安全用电操作规范，确保实训过程中人身及设备的安全。认知LED照明灯座、LED照明灯以及安装工具，选用工具完成LED照明灯的安装及线路通电测试。

任务准备

一、学习《实训室管理实施细则》

想一想

1）实训是否有《实训室管理实施细则》？进入实训室后按照什么要求进行实测？
2）如何判断设备是否带电？

二、职业素养——7S

"7S"是整理（Seiri）、整顿（Seiton）、清扫（Seiso）、清洁（Seikeetsu）、素养（Shitsuke）、安全（Safety）和速度/节约（Speed/Save）这7个词的缩写。因为这7个词日语和英语中的第一个字母都是"S"，所以简称为"7S"。开展以整理、整顿、清扫、清洁、素养、安全和节约为内容的活动，称为"7S"活动，如图1-1所示。

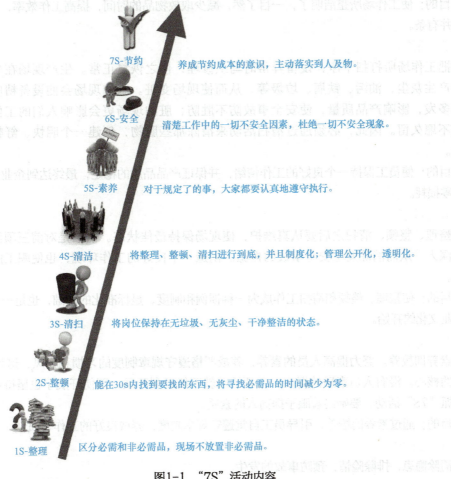

图1-1 "7S"活动内容

"7S"活动的内容具体如下。

1. 整理

把需要的人、事、物与不需要的分开，再将不需要的人、事、物加以处理，这是开始改善生产现场的第一步。其要点是对生产现场的现实摆放和停滞的各种物品进行分类，区分什么是现场需要的，什么是现场不需要的；其次，对于现场不需要的物品，诸如用剩的材料、多余的半成品、切下的料头、切屑、垃圾、废品、多余的工具、报废的设备、工人的个人生活用品等，要坚决清理出生产现场。这项工作的重点在于坚决把现场不需要的东西清理掉。因此，对于车间里各个工位或设备的前后、通道左右、厂房上下、工具箱内外，以及车间的各个死角，都要彻底搜寻和清理，达到现场无不用之物。坚决做好这一步，是树立好作风的开始。正如日

— 3 —

本某公司提出的口号：效率和安全始于整理！

整理的目的：增加作业面积、保证物流畅通、防止误用等。

2．整顿

把需要的人、事、物加以定量、定位。通过前一步整理后，对生产现场需要留下的物品进行科学合理的布置和摆放，以便用最快的速度取得所需之物，在最有效的规章、制度和最简捷的流程下完成作业。

目的：使工作场所整洁明了，一目了然，减少取放物品的时间，提高工作效率，保持工作区井井有条。

3．清扫

把工作场所打扫干净，设备异常时马上修理，使之恢复正常。生产现场在生产过程中会产生灰尘、油污、铁屑、垃圾等，从而使现场变脏。脏的现场会使设备精度降低，故障多发，影响产品质量，使安全事故防不胜防；脏的现场更会影响人们的工作情绪，使人不愿久留。因此，必须通过清扫活动来清除那些脏物，创建一个明快、舒畅的工作环境。

目的：使员工保持一个良好的工作情绪，并保证产品品质的稳定，最终达到企业生产零故障和零损耗。

4．清洁

整理、整顿、清扫之后要认真维护，使现场保持最佳状态。清洁是对前三项活动的坚持与深入，从而消除发生安全事故的根源。创造一个良好的工作环境，也使职工能愉快地工作。

目的：使整理、整顿和清扫工作成为一种惯例和制度，是标准化的基础，也是一个企业形成企业文化的开始。

5．素养

素养即教养。努力提高人员的素养，养成严格遵守规章制度的习惯和作风，这是"7S"活动的核心。没有人员素质的提高，各项活动就不能顺利开展，即使开展了也坚持不了。所以，抓"7S"活动，要始终着眼于提高人的素质。

目的：通过素养的培养，引导员工自觉遵守规章制度，养成良好的工作习惯。

6．安全

清除隐患，排除险情，预防事故的发生。

目的：保障员工的人身安全，保证生产的连续、安全、正常进行，同时减少因安全事故而带来的经济损失。

7．节约

就是对时间、空间、能源等方面合理利用，以发挥它们的最大效能，从而创造一个高效率的、物尽其用的工作场所。

实施时应该秉持3个观念：以自己就是主人的心态对待企业的资源；能用的东西尽可能利用；切勿随意丢弃，丢弃前要思考其剩余的使用价值。

目的：节约是对整理工作的补充和指导。在我国，由于资源相对不足，勤俭节约的精神更应该在企业中贯彻落实。

> **动一动**
>
> 1）检查物联网实训工位，并进行上电，测试实训工位通电情况。
> 2）能否在实训室找到图1-2所示的实物？并在图片下方写出其对应的名称。
> 3）用手分别触摸一节干电池的正负极，体验是否有触电的感觉？

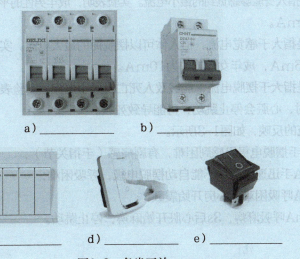

a)＿＿＿＿＿　b)＿＿＿＿＿

c)＿＿＿＿＿　d)＿＿＿＿＿　e)＿＿＿＿＿

图1-2　各类开关

测试工位能正常通电后断电，等待下一个步骤。

三、安全用电概述

安全用电是研究如何预防用电事故及保障人身和设备安全的一门学问。安全用电包括供电系统的安全、用电设备的安全及人身安全3个方面，它们之间又是紧密联系的。

小新：小心触电，不带电操作设备。

小心触电

> **想一想**
>
> 人为什么会触电？

实验表明，人体是可以导电的，并且人体的导电情况是不确定的，即人体导电情况与人体所处的季节、环境以及人体自身的情绪、人体的部位等因素有关。

由于人的身体能导电，大地也能导电，如果人的身体碰到带电的物体，电流就会通过人体传入大地，因而引起触电。但是，如果人的身体与大地之间有了绝缘，电流就无法形成回路，人就不会触电了。

1. 触电种类

触电可分为直接接触触电和间接接触触电。

直接接触触电又分为低压触电（单线触电、双线触电）和高压触电（高压电弧触电、跨步电压触电）。

2. 影响触电时危害大小的因素

触电时电流对人体的伤害程度与电流的大小、通电时间的长短、电压大小、频率高低、通过人体的途径、人体自身健康等因素有关。

（1）电流大小的影响

电流的大小直接影响人体触电的伤害程度。不同的电流会引起人体不同的反应。根据人体对电流的反应，习惯上将触电电流分为感觉电流、摆脱电流、致命电流。

感觉电流是指人身能够感觉到的最小电流。实验表明，成年男性的平均感觉电流约为1.1mA，成年女性为0.7mA。

摆脱电流是指大于感觉电流，但人体可以摆脱掉的最大电流。实验表明，成年男性的平均摆脱电流约为16mA，成年女性的约为10mA。

致命电流是指大于摆脱电流，能够致人死亡的最小电流。实验表明，当通过人体的电流达到50mA以上时，心脏会停止跳动，可能导致死亡。

人体对电流的反映，如图1-3所示。

8～10mA手摆脱电极已感到困难，有剧痛感（手指关节）；

20～25mA手迅速麻痹，不能自动摆脱电极，呼吸困难；

50～80mA呼吸困难，心房开始震颤；

90～100mA呼吸麻痹，3s后心脏开始麻痹，停止跳动。

图1-3 人体对电流的反映

（2）电流持续时间对人体的影响

人体触电时间越长，电流对人体产生的热伤害、化学伤害及生理伤害越严重。一般情况下，由于人体发热出汗和电流对人体组织的电解作用，电流通过人体时间越长，人体电阻降低得越多。这时在电源电压一定的条件下，会使电流增大，从而加快对人体组织的破坏。

（3）电流流经途径的影响

电流流过人体的途径也是影响人体触电程度的重要因素之一。电流通过头部可使人昏迷；通过脊髓可能导致瘫痪；通过心脏会造成心跳停止，血液循环中断；通过呼吸系统会造成窒息。因此，从左手到胸部是最危险的电流路径，从手到手和从手到脚是次危险的电流路径，从脚到脚是危险性较小的电流路径。

（4）人体电阻的影响

在一定电压作用下，流过人体的电流与人体电阻成反比。因此，人体电阻是影响人体触电后果的另一因素。人体电阻由表面电阻和体积电阻构成。表面电阻即人体皮肤电阻，对人体电阻起主要作用。有关研究结果表明，人体电阻一般在1000～3000Ω。

人体皮肤电阻与皮肤状态有关，随着条件的不同在很大范围内浮动变化。如皮肤在干燥、洁净、无破损的情况下，电阻可高达几十千欧，而潮湿的皮肤，其电阻可能在1000Ω以下。同时，人体电阻还与皮肤的粗糙程度有关。

（5）电流频率的影响

经研究表明，人体触电的危害程度与触电电流频率有关。一般来说，频率在25～300Hz的电流对人体触电的伤害程度最为严重。低于或高于此频率段的电流对人体触电的伤害程度明显减轻。如在高频情况下，人体能够承受更大的电流作用。目前，医疗上采用20kHz以上的高频电流对人体进行治疗。

（6）人体状况的影响

电流对人体的伤害作用与性别、年龄、身体及精神状态有很大的关系。一般来说，女性比男性对电流更敏感；小孩比大人更敏感。

想一想

1）人触电就一定会死亡吗？发生触电事故的原因是什么？
2）通过人体的电流大小决定于什么？
3）安全电压值是多少？在此情况下绝对安全吗？

3. 安全电压

我国规定的安全电压为≤36V、在潮湿的条件下为24V或12V，如图1-4所示。

交流工频安全电压的上限值，在任何情况下，两导体间或任一导体与地之间都不得超过50V。我国的安全电压的额定值为42V、36V、24V、12V、6V。如手提照明灯、危险环境的携带式电动工具，应采用36V安全电压；金属容器内、隧道内、矿井内等工作场合，狭窄、行动不便及周围有大面积接地导体的环境，应采用24V或12V安全电压，以防止因触电而造成的人身伤害。

小于24V电压安全

大于24V电压危险

图1-4　安全电压值

4. 家庭电路安全用电的常识

想一想

生活用电中要特别警惕什么？

日常用电时，应特别警惕的是本来不该带电的物体带了电，本来是绝缘的物体却不绝缘了，所以应该注意：

1）防止灯座、插头、电线等绝缘部分损坏。
2）保持绝缘部分干燥。
3）避免电线与其他金属物接触。
4）定期检查并及时维修线路及用电设备。
5）有金属外壳的家用电器，外壳一定要接地。

5. 认识测电笔

1）认识测电笔的构造，如图1-5所示，为普通测电笔的结构。
2）测电笔的作用。
① 辨别火线和零线。
② 检测待测物体是否带电。
3）测电笔的正确使用方法，如图1-6所示。

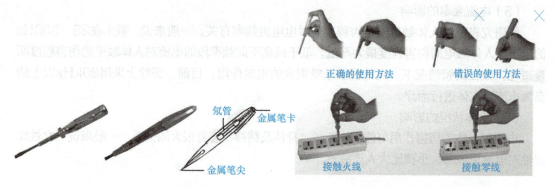

图1-5　测电笔构造　　　　图1-6　测电笔正确使用方法

6. 安全用电保障

1）避免直接接触火线。

2）注意那些本来不带电的物体带了电或本来绝缘的物体变成了导体，如图1-7所示。

图1-7　绝缘体变成为导体

3）对于安全用电必须做到"四不"：不接触低压带电体；不靠近高压带电体；不弄湿用电器；不损坏绝缘层。

任务实施

动一动

使用测电笔正确检测物联网实训工位是否已经正常通电。

一、虚拟仿真实现LED照明

使用"物联网云仿真实训台"软件，完成LED灯的连接。

步骤一：设备选型

1）打开"NLE.CloudEmulator.exe"软件，如图1-8所示。

名称	修改日期	类型	大小
Analog_SoilHumidity.dll	2017-10-13 16:11	应用程序扩展	61 KB
Analog_WaterLevel.dll	2017-10-13 16:11	应用程序扩展	53 KB
Analog_WaterTemperature.dll	2017-10-13 16:11	应用程序扩展	58 KB
Analog_WindDirection.dll	2017-10-13 16:11	应用程序扩展	224 KB
Analog_WindSpeed.dll	2017-10-13 16:11	应用程序扩展	97 KB
DeviceTopology	2017-9-28 11:43	Data Base File	4 KB
Dongle_d.dll	2017-9-28 11:43	应用程序扩展	112 KB
icon_file	2017-9-28 11:43	图片文件(.ico)	137 KB
Load_AlarmLamp.dll	2017-10-13 16:11	应用程序扩展	81 KB
Load_Atomizer.dll	2017-10-13 16:11	应用程序扩展	48 KB
Load_Common.dll	2017-10-13 16:11	应用程序扩展	60 KB
Load_Fan.dll	2017-10-13 16:11	应用程序扩展	169 KB
Load_Lamp.dll	2017-10-13 16:11	应用程序扩展	59 KB
Load_WaterPump.dll	2017-10-13 16:11	应用程序扩展	63 KB
Newtonsoft.Json.dll	2017-9-28 11:43	应用程序扩展	399 KB
NLE.CloudEmulator	2017-10-13 16:11	应用程序	653 KB
NLE.CloudEmulator.exe	2017-10-16 18:09	XML Configurat...	1 KB
NLE.Common.dll	2017-10-13 16:11	应用程序扩展	106 KB

图1-8　主程序所在位置

2）打开软件后，软件界面如图1-9所示。

图1-9　虚拟仿真软件界面

3）打开左侧设备选型区中的"负载"列表，选择"灯泡"设备，如图1-10所示。

4）将"灯泡"拖入工作台中，如图1-11所示。

图1-10 选择灯泡　　　　　　　　图1-11 将灯泡拖入工作台中

5）打开左侧设备选型区中的"电源"列表，如图1-12a所示，再将"12V电源"拖入工作台中，如图1-12b所示。

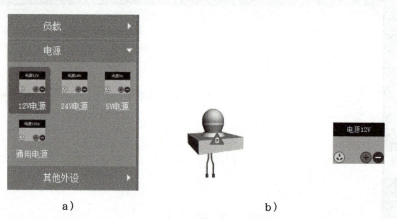

　　　　　a)　　　　　　　　　　　　　　b)

图1-12 将12V电源拖入工作台中

步骤二：线路连接

正确连接"灯泡"线路，如图1-13所示。

连接完成后，单击"连线验证"按钮，开启验证，如图1-14所示。如果有线路接线未完成，则如图1-15a所示；如果有线路接线错误则将提示"验证未通过，请检查"，如图1-15b所示；若接线完全正确，则灯亮起。

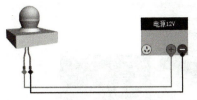

图1-13 灯泡线路连接　　　　图1-14 连线验证开启

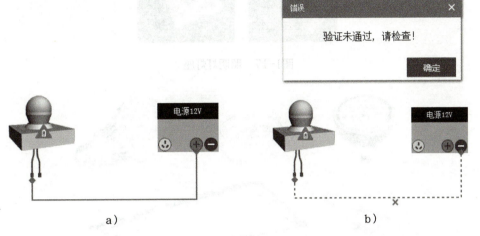

图1-15 灯泡线路连接状态

步骤三：功能测试

单击"模拟实验"按钮，如图1-16a所示，灯亮起，效果如图1-16b所示。

图1-16 功能测试

二、真实环境下实现LED照明功能
步骤一：设备选型

1）挑选LED照明灯及其灯座。参照图1-17所示的常见照明灯灯座和图1-18所示的照明灯，找出本任务要安装的灯座及照明灯，并进行外观检查。观察LED照明灯及灯座外观是否有损坏，灯座内卡口、接线柱等是否完好。

2）挑选安装照明灯底座所需的螺钉、螺母、垫片。参照图1-19所示的常见的螺钉、螺母和垫片的型号，找出本任务安装所需M4型号的螺钉、螺母和垫片。

图1-17 照明灯灯座

图1-18 照明灯

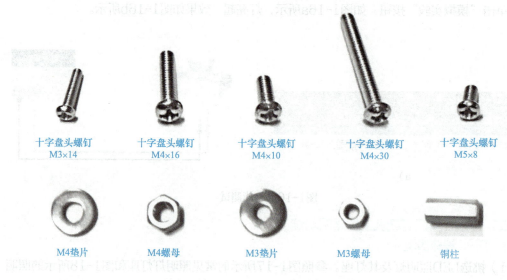

图1-19 螺钉、螺母、垫片

步骤二：安装照明灯底座

1）拆开面板。使用如图1-20所示的螺钉旋具，挑选合适的一字螺钉旋具，用螺钉旋具轻按旁边的卡扣，将LED照明灯的面板拆开，如图1-21所示。

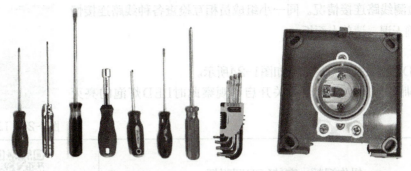

图1-20 常见的螺钉旋具　　　　图1-21 照明灯底座

2）固定底座。用不锈钢十字盘头螺钉（M4×16）固定底座，将灯座底板固定在实训平台架子上。

3）制作连接LED照明灯线路的导线。在如图1-22所示的常见剪线工具中挑选合适的工具，将红黑导线两端各剥出适当的线头，并进行相关处理。

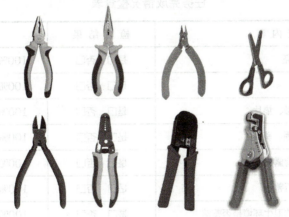

图1-22 常见剪线工具

4）连接LED照明灯线路。参照图1-23所示的LED照明灯线路连线图，挑选合适的螺钉旋具，用制作好的导线将LED灯座连接到电源插孔。

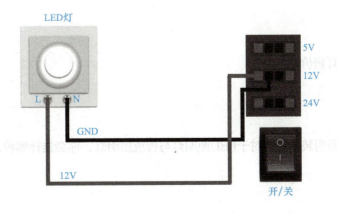

图1-23 LED照明灯线路连线图

5）检测线路连接情况。同一小组成员相互检查各种线路连接情况，若正确无误，请盖上面板。

步骤三：安装LED灯并测试

将LED灯泡安装到灯座上，如图1-24所示。

将实训工位的稳压电源开关开启，观察此时LED灯泡的亮灭情况。

图1-24　LED灯安装

操作视频：安装LED照明灯	

任务评价

参照任务完成情况检查表，进行相互检查、评价。

任务完成情况检查表

检查内容	检查结果	满意率		
通电后LED灯泡是否能亮	是□　否□	100%□	70%□	50%□
灯泡底座安装是否牢固	是□　否□	100%□	70%□	50%□
是否正确选择螺钉、螺母、垫片	是□　否□	100%□	70%□	50%□
LED灯线路连接是否牢固、美观	是□　否□	100%□	70%□	50%□
导线两端的连接头是否有露铜现象	是□　否□	100%□	70%□	50%□
完成任务后工具摆放是否整齐	是□　否□	100%□	70%□	50%□
完成任务后工位及周边的卫生环境是否整洁	是□　否□	100%□	70%□	50%□

思考题：

1）LED照明灯在生产或生活中的应用？

2）LED照明灯售价是多少？

3）安装家庭照明装置时，对于LED照明灯与传统照明灯，你会选择哪种，为什么？

任务2　安装报警灯

任务描述

认知物联网走线槽、报警灯。选用工具完成走线槽、报警灯的安装并进行线路通电测试。

陆老师：通过照明灯的安装训练，同学们对物联网设备安装有了初步的认识。但是操作过程中，工具使用与布线比较慌乱。本次训练的重点是认知走线槽与剥线钳，希望同学们在这一任务中能有更出色的表现。

任务准备

一、线槽概述

线槽又名走线槽、配线槽、行线槽（因地方而异），是用来将电源线、数据线等线材规范整理，固定在设备安装架、墙上或者天花板上的电工用具。

二、线槽的分类

根据材质的不同，线槽可分为多种。常用的有环保PVC线槽、无卤PPO线槽、无卤PC/ABS线槽、钢铝等金属线槽等。

常见的线槽种类有：绝缘配线槽、拨开式配线槽、迷你型配线槽、分隔型配线槽、室内装潢配线槽、一体式绝缘配线槽、电话配线槽、日式电话配线槽、明线配线槽、圆形配线管、展览会用隔板配线槽、圆形地板配线槽、软式圆形地板配线槽、盖式配线槽，如图1-25所示。

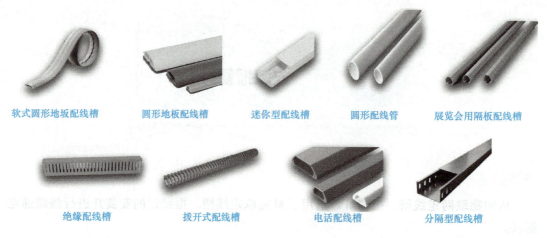

图1-25 线槽种类

三、报警灯概述

报警灯作为警示标志，广泛应用于各种特殊场所，也适用于市政、施工作业和监护、救护、抢险工作人员的信号联络和方位指示。外观如图1-26所示。

四、报警灯产品特点

1. 光效节能

光源选用超高亮度固态免维护LED光源，光效高、寿命长、节能环保；优良的芯电路设计，声音和声光两种工作模式任意转换，声音报警声强高达115dB以上，穿透能力强。

图1-26 报警灯外观

2. 安全可靠

采用先进的光学软件和优化的结构密封设计，外壳选用进口的工程塑料，能经受强力的碰撞和冲击，确保灯具在恶劣的环境中也能长期稳定可靠地工作。

> **想一想**
>
> 走线槽是什么？有什么作用？

任务实施

步骤一：走线槽

1）挑选物联网实训工位走线槽。参考图1-25所示的各类常见的走线槽，选出与物联网实训工位配套的走线槽。

2）裁剪合适的走线槽。根据物联网实训工位的设备安装铁架尺寸，挑选任务1介绍的各类工具，制作合适长度的走线槽，用于安装在实训工位铁架四周，方便后期设备安装后走线，如图1-27所示。

图1-27 剪裁后的走线槽

3）安装走线槽。根据上一步骤制作完成的走线槽尺寸，挑选合适的尺寸、螺钉、螺母、垫片，选用任务1介绍的安装工具，完成物联网实训工位铁架四周走线槽的安装。

第一步：选定线槽与长度
第二步：放置线槽
第三步：穿螺钉
第四步：放垫片
第五步：螺母固定

小新：安装线槽五步走。

步骤二：使用剥线钳剥线

剥线钳使用操作步骤包括展开剥线钳、选择适合的尺寸、用力钳住线、向外拉扯，如图1-28所示。具体步骤如下：

1）根据缆线的粗细型号，选择相应的剥线刀口。

2）将准备好的电缆放在剥线工具的刀刃中间，选择好要剥线的长度。本物联网实训工位所需导线剥离绝缘皮约0.8cm。

3）握住剥线工具手柄，将电缆夹住，缓缓用力使电缆外表皮慢慢剥落。

4）松开工具手柄，取出电缆线。这时电缆金属整齐露出外面，其余绝缘塑料完好无损。

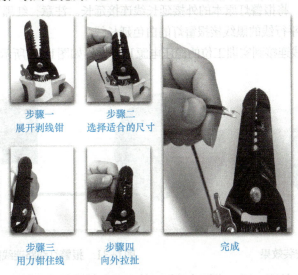

步骤一 展开剥线钳
步骤二 选择适合的尺寸
步骤三 用力钳住线
步骤四 向外拉扯
完成

图1-28　剥线钳使用示意图

步骤三：安装报警灯

1）挑选报警灯。参照图1-29所示的常见报警灯，找出本任务要安装的报警灯，并进行外观检查。观察报警灯外观是否有损坏，报警灯外接的延长线等是否完好。

图1-29 常见报警灯

> **想一想**
>
> 为什么报警灯外接的延长线要使用一红一白的导线？

2）查看报警灯的参数。观察报警灯外观，查看其所贴的产品参数标签，物联网实训室所使用的报警灯的核定工作电压是：_____V。

3）安装报警灯。选用任务1介绍的安装工具、螺钉（十字盘头螺钉M4×16）、螺母、垫片，将报警灯固定在实训平台架子上，注意留出报警灯外接延长线，可参考图1-30。

步骤四：连接电源并测试

连接报警灯电源过程如下。

1）根据报警灯延长线与实训工位稳压电源接线端子的距离，剪取长度适宜的一根红黑平行导线。

2）使用剥线钳，将红黑线两端剥掉约0.8cm的绝缘皮。

3）使用剥线钳，将报警灯原本的外接延长线剥掉约0.8cm的绝缘皮。

4）使用红黑线，将报警灯原本的外接延长线连接延长。注意：红黑平行线的红线接报警的红色延长线，红黑平行线的黑线接报警灯的白色延长线。

5）将红黑延长线连接到实训工位的稳压电源12V处，如图1-31所示。

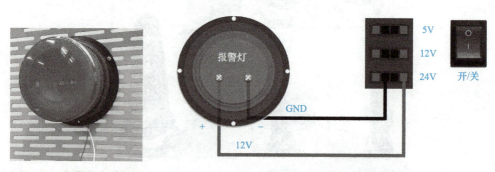

图1-30 报警灯安装效果 　　　　　图1-31 报警灯线路连线图

6）检测线路连接情况。同一小组成员相互检查各种线路的连接情况。

7）将连接线塞进线槽。

8）盖上线槽盖。电源连接正确后，将实训工位的稳压电源开关开启，观察此时报警灯的亮灭情况。

操作视频：安装报警灯	

任务评价

参照任务完成情况检查表，进行相互检查、评价。

任务完成情况检查表

检查内容	检查结果	满意率
通电后报警灯是否能亮	是□ 否□	100%□ 70%□ 50%□
卡槽安装是否牢固	是□ 否□	100%□ 70%□ 50%□
报警灯安装是否牢固	是□ 否□	100%□ 70%□ 50%□
是否正确选择螺钉、螺母、垫片	是□ 否□	100%□ 70%□ 50%□
报警灯线路连接是否牢固、美观	是□ 否□	100%□ 70%□ 50%□
导线两端的连接头是否有露铜现象	是□ 否□	100%□ 70%□ 50%□
完成任务后工具摆放是否整齐	是□ 否□	100%□ 70%□ 50%□
完成任务后工位及周边的卫生环境是否整洁	是□ 否□	100%□ 70%□ 50%□

思考题：

1）报警灯一般在什么场合使用？

2）报警灯与照明灯有什么区别？

3）本任务的报警灯还缺少什么功能？

拓展任务：使用按钮控制报警灯与照明灯

> **小贴士**
>
> 　　按钮上的圆圈与竖线符号区分。据说这是"二战"时沿袭下来的，由二进制1与0的基本定义进化来的，1就是开，0就是关，圆圈代表"关闭"状态（N1与N2不导通），竖线代表接通"打开"状态（N1与N2导通）。

1)动手连接单个按钮控制报警灯,单个按钮控制LED灯,并将其原理连接图绘制在图1-32中。

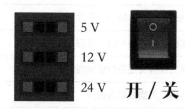

图1-32　原理连接图1

2)动手连接单个按钮控制报警灯与LED灯,并将其原理连接图绘制在图1-33中。

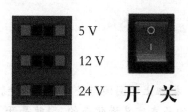

图1-33　原理连接图2

延伸阅读

我国LED技术自立自强

LED即发光二极管,是一种节能环保的冷光源,具有发光效率高、寿命长、体积小、可靠性高等特点,是电子信息产业基础性元器件,市场应用广泛。但长期以来,国际上的LED技术主要由国外公司主导。

为此,我国启动了"高光效长寿命半导体照明关键技术与产业化"项目。项目团队面向国家的重大需求,承担起技术攻关的重任,通过基础研究、技术突破、规模应用和产业推动,形成具有自主知识产权的高光效、长寿命半导体照明成套技术,关键指标达国际领先水平。由此,半导体照明芯片从此前完全依赖进口,发展到自主可控并全面实现国产化。今天,我国已成为全球最大的半导体照明产品的制造、消费和出口国。

目前,我国已有近50%的传统光源被LED产品所取代,每年累计实现节电约2800亿度(1度=1kw·h),相当于3个三峡水利工程全年的发电量,超过澳大利亚全年的用电量。

思考启示

人类物质和文化生活的历史、现实和未来都离不开照明技术和艺术。在提倡发展生态文明的今天,我们的照明理念和技术也不断受到新的挑战,比如照明技术上强化节能和推行类似LED技术的普及等。如何使未来的照明技术更具有反映生态文明和环境保护的技术和艺术特征,是需要我们共同关心和思考的。

项目 2

安装风向风速测试装置

项目描述

气象事业已经和人们的生活、农业生产、工业活动密不可分。而且，随着国家可持续发展战略的实施，气象采集技术在国防建设、社会进步、经济发展中扮演着重要的角色。但随着人们对气象信息需求的不断变化，传统的气象观测模式已经无法满足人们的需要。因此，自动气象数据采集技术在我国应运而生。气象数据采集系统的准确性直接影响着数据的实用性。如何实现广泛地从全国各地甚至世界各地采集数据信息并汇总，势必成为今后一个极具价值的重大研究课题。

学习内容

- 正确选用风向传感器、风速传感器安装工具。
- 正确安装风向传感器、风速传感器。
- 正确连接设备导线。
- 正确使用万用表通电测试风向传感器、风速传感器。

任务1　安装与检测风向传感器

任务描述

认知物联网走线槽、风向传感器；选用工具完成走线槽、风向传感器的安装；使用数字万用表测电压传感器供电电压。

任务准备

一、风向传感器概述

风向传感器外观如图2-1所示。TX系列风向传感器，外形小巧轻便，便于携带和组装。全新的设计理念可以有效获得外部环境信息。壳体采用优质铝合金型材，外部进行电镀喷塑处理，具有良好的防腐、防侵蚀等特点，能够保证仪器长期使用无锈。同时内部配合顺滑的轴承系统，确保了信息采集的精确性。风向传感器被广泛应用于温室、环境保护区、气象站、船舶、码头、养殖等环境的风速测量。

图2-1　风向传感器

二、风向传感器特点

风向传感器的技术参数见表2-1。

表2-1 技术参数

测量范围	16个方向
使用场所	室外
防水类型	防水
供电方式	12～24V DC
输出方式	电流：4～20mA

供电及通信端接线方式：

红线——供电电源正极。

黑线——供电电源负极。

蓝线——信号输出（电流）。

三、数字万用表的正确使用方法

1. 认知数字万用表常见档位功能

如图2-2所示，为数字万用表常见的使用档位。

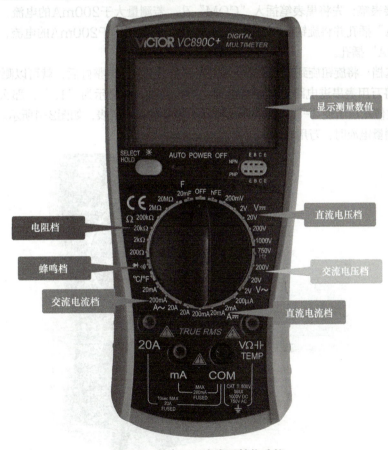

图2-2 数字万用表常见档位功能

2. 电压的测量

（1）直流电压的测量

首先，插接表笔：将黑表笔插进"COM"孔，红表笔插进"VΩ"孔。其次，选量程：把旋钮旋到比估计值大的量程（注意：表盘上的数值均为最大量程，"V－"表示直流电压

— 25 —

档，"V～"表示交流电压档，"A"是电流档）。接着把表笔接待测电源或电池两端并保持接触稳定。数值可以直接从显示屏上读取，若显示为"1."，则表明量程太小，那么就要加大量程后重新测量待测目标。如果在数值左边出现"-"，则表明表笔极性与实际电源极性相反，此时红表笔接的是负极，如图2-3所示。

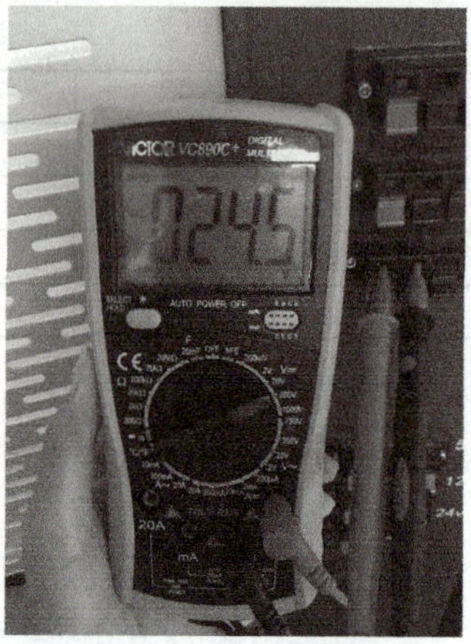

（2）交流电压的测量

表笔插孔与直流电压的测量一样，不过应该将旋钮旋到交流档"V～"处所需的量程。交流电压无正负之分，测量方法与前面相同。无论测交流还是直流电压，都要注意人身安全，不要随便用手触摸表笔的金属部分。

3. 电流的测量

（1）直流电流的测量

首先插接表笔：先将黑表笔插入"COM"孔。若测量大于200mA的电流，则要将红表笔插入"10A"插孔并将旋钮旋到直流"10A"档；若测量小于200mA的电流，则将红表笔插入"200mA"插孔。

其次，选档：将旋钮旋到直流200mA以内的合适量程。调整好后，就可以测量了。

接着，将万用表串进电路中，保持稳定，即可读数。若显示为"1."，那么就要加大量程；如果在数值左边出现"-"，则表明电流从黑表笔进入万用表，如图2-4所示。

注意：测量电流时，万用表串联进待测电路中。

图2-3　直流电压测量

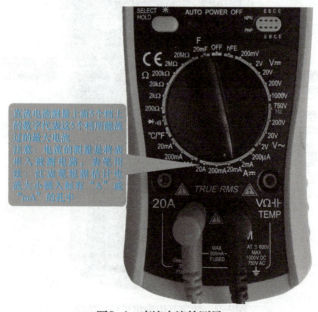

图2-4　直流电流的测量

（2）交流电流的测量

测量方法与测量直流电流的方法相同，档位需旋到交流档位。

注意：电流测量完毕后应将红笔插回"VΩ"孔，若忘记这一步而直接测电压，则万用表

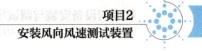

项目2
安装风向风速测试装置

或电源会报废!

4. 电阻的测量

首先插接表笔:将黑表笔插进"COM"孔、红表笔插进"VΩ"孔中。其次,选档:把旋钮旋到"Ω"中所需的量程。接着,用两根表笔分别接在电阻两端的金属部位。测量中可以用手接触电阻的一端,但不要把手同时接触电阻两端。这样会将人体电阻并联进电路中,影响测量精确度。读数时,要保持表笔和电阻有良好的接触。注意单位:在"200"档时单位是"Ω",在"2K"到"200K"档时单位为"KΩ","2M"以上的单位是"MΩ"。

5. 测量线路是否导通

首先插接表笔:将黑表笔插进"COM"孔、红表笔插进"VΩ"孔中。其次,选档:把旋钮旋到"蜂鸣器档"中所需的量程。接着,用红、黑表笔分别接待测线路的两端。如果线路导通,则万用表的蜂鸣器会发出"滴……"的报警声,并且数字万用表屏幕上显示"001.2",如图2-5所示;如果线路不通,则蜂鸣器不会响,液晶屏幕显示"1."。

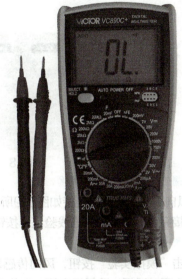

图2-5 线路导通性测量

任务实施

一、虚拟仿真实现风向测试

使用"物联网云仿真实训台"软件,完成风向传感器的连接。

步骤一:设备选型

1)打开左侧设备选型区中"有线传感器"列表,选择"风向"传感器,如图2-6所示。

2)将"风向"传感器拖入工作台中,如图2-7所示。

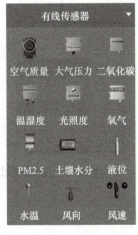

图2-6 选择风向传感器

图2-7 将风向传感器拖入工作台

3)选择"电源"列表,将24V电源拖入工作台中,如图2-8所示。

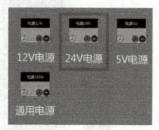

图2-8 将24V电源拖入工作台

步骤二：风向传感器连接

"风向"传感器线路连接如图2-9所示。

连接完成后，单击"连线验证"按钮开启。如有线路连接错误则提示错误。

步骤三：功能测试

单击"模拟实验"按钮，风向传感器边上呈现数值，效果如图2-10所示。单击风向传感器打开选项对话框，选择设定值，则传感器边上所呈现的数值将发生变化。

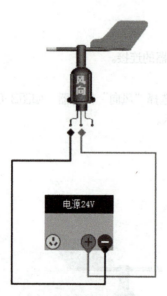
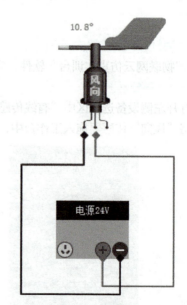

图2-9 风向传感器连接　　　　　图2-10 功能测试

二、真实环境下实现风向测试

步骤一：设备选型

1）挑选风向传感器。参照图2-11所示的几件物联网传感器，找出本任务要安装的风向传感器，并进行外观检查。观察风向传感器外观是否有损坏，风向传感器外接延长线等

— 28 —

是否完好。

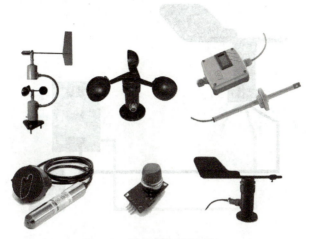

图2-11 物联网相关传感器

> **想一想**
> 为什么风向传感器外接的延长线要使用红黑蓝3根导线？

2）查看风向传感器的参数。观察风向传感器外观，查看其所贴的产品参数标签，物联网实训室所使用的风向传感器的核定工作电压是：_____V。

步骤二：安装风向传感器

从物联网设备中挑选正确的风向传感器，挑选合适的螺钉（十字盘头螺钉M4×16）、螺母、垫片。选用任务1介绍的安装工具，在物联网实训工位铁架上安装风向传感器。注意留出传感器外接延长线，可参考图2-12。

图2-12 风向传感器安装

步骤三：连接风向传感器电源

1）根据风向传感器外接延长线与实训工位稳压电源接线端子的距离，剪取长度适宜的一根红黑平行导线。

2）使用剥线钳，将红黑线两端剥掉约0.8cm的绝缘皮。

3）使用剥线钳，将风向传感器原本的外接延长线剥掉约0.8cm的绝缘皮。

4）使用红黑线，将风向传感器原本的外接延长线连接延长。注意：红黑平行线的红线接风向传感器的红色延长线，红黑平行线的黑线接风向传感器的黑色延长线。

5）将红黑延长线连接到实训工位的稳压电源24V处，如图2-13所示。

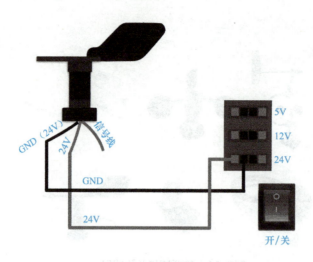

图2-13　风向传感器线路连线图

步骤四：功能测试

检测线路连接情况。同一小组成员相互检查各种线路连接情况。

将实训工位的稳压电源开关开启，使用数字万用表电压档测量风向传感器的供电压，如图2-14所示。测试出来的电压值为_____V。

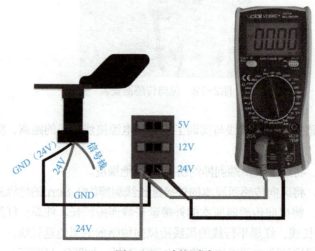

图2-14　功能测试

操作视频：安装与检测风向传感器	

任务评价

参照任务完成情况检查表，进行相互检查、评价。

任务完成情况检查表

检查内容	检查结果	满意率		
通电后风向传感器的供电电压值是否正确	是□ 否□	100%□	70%□	50%□
卡槽安装是否牢固	是□ 否□	100%□	70%□	50%□
风向传感器安装是否牢固	是□ 否□	100%□	70%□	50%□
是否正确选择螺钉、螺母、垫片	是□ 否□	100%□	70%□	50%□
风向传感器线路连接是否牢固、美观	是□ 否□	100%□	70%□	50%□
导线两端的连接头是否有露铜现象	是□ 否□	100%□	70%□	50%□
完成任务后工具摆放是否整齐	是□ 否□	100%□	70%□	50%□
完成任务后工位及周边的卫生环境是否整洁	是□ 否□	100%□	70%□	50%□

任务2　安装与检测风速传感器

任务描述

认知物联网走线槽、风速传感器；选用工具完成走线槽、风速传感器的安装；正确使用万用表测风速传感器输出信号的电流值。

任务准备

一、风速传感器概述

如图2-15所示，为三杯式风速传感器。该传感器应用范围广，可用于工程机械（起重机、门吊、塔吊等）、交通（铁路、港口、码头、索道等）、农业（环境、温室、养殖等）、气象（如空气调节、节能监控）等领域风速的测量，并输出相应的信号。外观与结构如图2-16所示。

图2-15　三杯式风速传感器的应用

a）三杯式风速传感器　　　　b）接线端子　　　　c）航空插头

图2-16　三杯式风速传感器的外观与结构

二、风速传感器特点

该风速传感器，外形小巧轻便，便于携带和组装。三杯设计理念可以有效获得外部环境信息。它采用优质铝合金型材，外部进行电镀喷塑处理，具有良好的防腐、防侵蚀等特点，能够保证仪器长期使用无锈现象。同时配合内部顺滑轴承系统，确保了信息采集的精确性。目前它被广泛应用于温室、环境保护、气象站。具体技术参数见表2-2。

表2-2　技术参数

测量范围	0~30m/s
使用场所	室外
防水类型	防水
供电方式	12~24V DC
输出方式	电流：4~20mA

供电及通信端接线方式：

红线——供电电源负极。

黑线——供电电源负极。

蓝线——信号输出（电流信号）。

项目2 安装风向风速测试装置

任务实施

一、虚拟仿真实现风速测试

使用"物联网云仿真实训台"软件,完成风速传感器的连接。

步骤一:设备选型

1)打开左侧设备选型区中的"有线传感器"列表,选择"风速"传感器,如图2-17所示。

2)将"风速"传感器拖入工作台中,如图2-18所示。

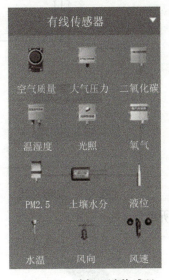

图2-17 选择风速传感器　　　　　图2-18 将风速传感器拖入工作台

3)选择"电源"列表,将24V电源拖入工作台中,如图2-19所示。

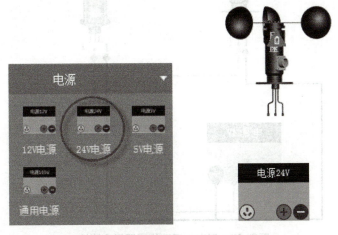

图2-19 将24V电源拖入工作台

步骤二:风速传感器连接

"风速"传感器线路连接如图2-20所示。

连接完成后,单击"连线验证"按钮开启。如有线路线接错误则提示错误。

步骤三:功能测试

单击"模拟实验"按钮,风向传感器边上呈现数值,效果如图2-21所示。单击风速传感器打开选项对话框，选择设定值，则传感器边上所呈现的数值将发生变化。

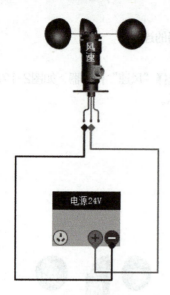

图2-20　风速传感器连接

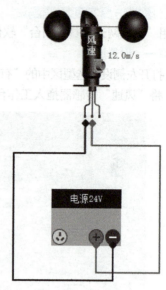

图2-21　功能测试

风向、风速传感器可组合连接，连接如图2-22所示。

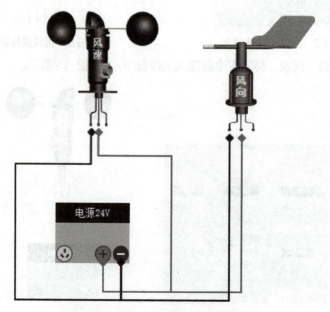

图2-22　风向、风速传感器组合连接

二、真实环境下实现风速测试

步骤一：设备选型

1）挑选风速传感器。参照图2-23所示的常见风速传感器，找出本任务要安装的风速传感器，并进行外观检查。观察风速传感器外观是否有损坏，风速传感器外接延长线等是否完好。

> **想一想**
>
> 为什么风速传感器外接的延长线使用红黑蓝3根导线?

2)查看风速传感器的参数。观察风速传感器外观,查看其所贴的产品参数标签,物联网实训室所使用的风速传感器的核定工作电压是:_____V。

步骤二:安装风速传感器

从物联网设备中挑选正确的风速传感器,挑选合适的螺钉(十字盘头螺钉M4×16)、螺母、垫片,选用任务1介绍的安装工具,在物联网实训工位铁架上安装风速传感器。注意留出传感器外接延长线,可参考图2-23。

步骤三:连接风速传感器电源

1)根据风速传感器外接延迟线与实训工位稳压电源接线端子的距离,剪取长度适宜的一根红黑平行导线。

2)使用剥线钳,将红黑线两端剥掉约0.8cm的绝缘皮。

图2-23 风速传感器安装

3)使用剥线钳,将风速传感器原本的外接延长线剥掉约0.8cm的绝缘皮。

4)使用红黑线,将风速传感器原本的外接延长线连接延长。注意:红黑平行线的红线接风速传感器的红色延长线,红黑平行线的黑线接风速传感器的黑色延长线。

5)将红黑延长线连接到实训工位的稳压电源24V处,如图2-24所示。

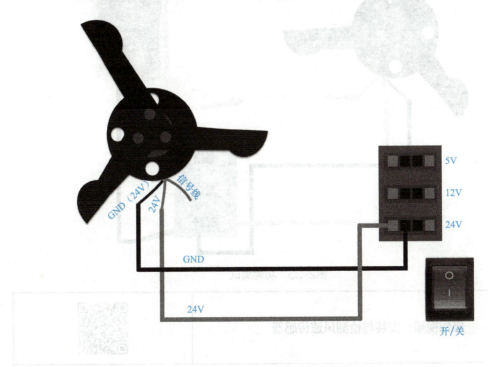

图2-24 风速传感器线路连线图

步骤四:功能测试

检测线路连接情况。同一小组成员相互检查各种线路的连接情况。

将实训工位的稳压电源开关开启,使用数字万用表电压档测量风速传感器的供电压,测试出来的电压值为:_____V。接着使用电流档测量风速传感器转动时(可用手拨动风速传感器的三杯转轴)输出的电流值为:_____mA。

注意,为了和后续传感器接采集器时输入的电流值一致,风速传感器测量信号端输出电流值时应在电路中串联一个120Ω的电阻,如图2-25所示。

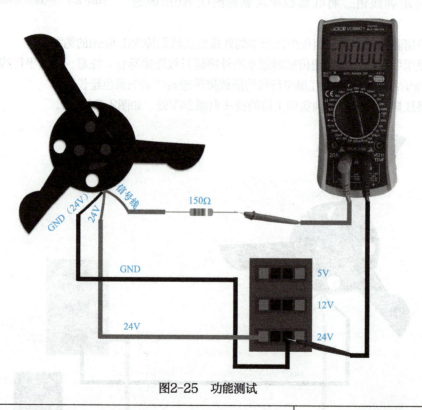

图2-25 功能测试

操作视频:安装与检测风速传感器	

任务评价

参照任务完成情况检查表,进行相互检查、评价。

任务完成情况检查表

检查内容	检查结果	满意率		
通电后风速传感器的供电电压值是否正确	是☐ 否☐	100%☐	70%☐	50%☐
卡槽安装是否牢固	是☐ 否☐	100%☐	70%☐	50%☐
风速传感器安装是否牢固	是☐ 否☐	100%☐	70%☐	50%☐
是否正确选择螺钉、螺母、垫片	是☐ 否☐	100%☐	70%☐	50%☐
风速传感器线路连接是否牢固、美观	是☐ 否☐	100%☐	70%☐	50%☐
导线两端的连接头是否有露铜现象	是☐ 否☐	100%☐	70%☐	50%☐
完成任务后工具摆放是否整齐	是☐ 否☐	100%☐	70%☐	50%☐
完成任务后工位及周边的卫生环境是否整洁	是☐ 否☐	100%☐	70%☐	50%☐

拓展任务：风速传感器与LED的亮度联动

1）将LED灯接入电路中，实现当风速变大时LED灯变亮，变小时灯变暗的效果，并将其原理连接图绘制在图2-26中。

小贴士

风速传感器最大的输出电流为4～20A。

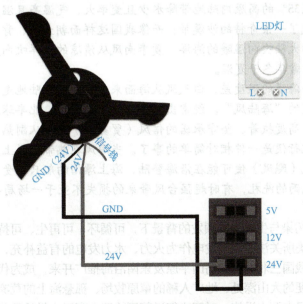

图2-26　原理连接图

2）计算不同风速情况下的电流值，使用万用表检测后，完成下表。计算公式：风扇传感器最大量程为0～70m/s，输出电流为4～20mA。

风　速	电　流　值
1m/s	
10m/s	
20m/s	
40m/s	

风从何处来

什么了无踪迹，但又如影随形；什么虚无缥缈，却又变化万千？那便是"去来固无迹，动息如有情"的风了。

风是大自然的骄子，在太阳辐射热的"蛊惑"下，借助地球旋转与水汽蒸腾凝结，气压梯度力搅得空气不停运动，空气中的物质被迫无助地不停在高、低气压间相互输送，颠沛流离间便孕育了风的诞生与成长。

风，看似无影无踪，但也十分规律。

晨昏间"山谷风"的变化经常左右樵夫的山行路线；"冰川风"有时会在峰顶（尤其是在喜马拉雅山脉北侧）拉出一条细长的白色"哈达"，形成独具魅力的风雪旗云。当风跨越山脊，背风坡因空气下沉易产生干热效应，欧洲的阿尔卑斯山、美洲的落基山、欧亚大陆的高加索地区经常出现"焚风"，所到之处草木干枯、土地龟裂。

在平原，当空气因电荷不均瞬间形成垂直漩涡时，"旋风"便不期而至；受"反信风"影响，北纬30°至35°的高原内陆地带降水少且变率大、气温高且温差大、蒸发强且湿度小，在世界上形成了一条奇特的沙漠带；而像我国这样面朝大海、背靠大陆的东亚地区，冬季北风从冰冷的大陆吹向温暖的海洋，夏季南风从清凉的海洋吹向燥热的内陆，显著的季风性气候让这里常年冬干夏湿。

在海洋，因陆地与海洋的温度差，白天风从海面来，夜间风从陆地走，昼夜交替间的规律变化便是渔民常说的"海陆风"。经常出海航行的人会发现，北半球经常刮东北风，南半球经常刮东南风，高度执着、坚守承诺的信风（贸易风）定期从副热带高压向赤道吹去，找到规律，远洋航行便是一件相对简单的事了。当海风在热带海洋上形成大范围的大气涡旋时，可怕的台风（飓风）便可能在沿海登陆，海上漂泊的船只在受热带气旋影响的区域随时可能遭受暴风雨的洗礼，有时超强台风带来的损失不亚于一场局部战争。

思考启示

在石油危机、工业污染与生态浩劫频发的背景下，可循环、可再生、可持续的风能和太阳能等清洁能源再度为人类所关注。风力发电作为火力、水力发电的有益补充，在全世界得到广泛应用，近年来迅速在我国三北地区的高山平原及东南沿海推广开来，成为代替化石燃料的重要能源基础，为交通不便的大山深处、地广人稀的草原牧场、孤悬海上的荒凉岛屿提供了可靠的电力保障。现代化的风力泵水设施，对解决偏远草原牧区人畜用水供给及贫困地区的农田灌溉、水产养殖都十分有益。为提高航速和节约燃油，由计算机控制的现代风帆助航技术也蔚然兴起，节油率可达15%。风力资源重新焕发青春，滋润着人们日益丰富多彩的生活。

项目 3

安装室内、室外二氧化碳测试装置

项目描述

工业的迅速发展使得排入大气中的二氧化碳不断增多。一方面,过高的二氧化碳浓度会对人体健康产生严重危害,破坏人们赖以生存的环境,如困扰全球的温室效应。另一方面,二氧化碳是植物光合作用的必备原料,有助于植物生长。因此,使用二氧化碳传感器测量大气环境中的二氧化碳成分、浓度非常重要。二氧化碳传感器主要是测量大气环境中的二氧化碳成分、浓度。在本项目中,将进行有关二氧化碳传感器的学习。

学习内容

- 正确选用室内二氧化碳传感器、室外二氧化碳传感器安装工具。
- 正确安装室内、室外二氧化碳传感器。
- 正确连接设备导线。
- 正确使用万用表通电测试室内、室外二氧化碳传感器。

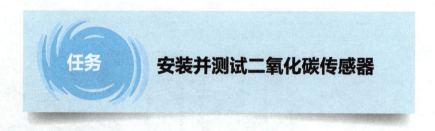

安装并测试二氧化碳传感器

任务描述

认知物联网走线槽、二氧化碳传感器;选用工具完成走线槽、二氧化碳传感器的安装并进行通电测试。

任务准备

一、二氧化碳传感器概述

二氧化碳传感器,外观如图3-1所示。二氧化碳传感器适用于对多种环境状态下的二氧化碳进行检测。它外形美观,材料防腐,引线从壳体的后面经过,适合走暗线装置,可以将其固定在墙面上或者自己需要的地方。它稳定性能好,使用寿命时间长,交直流供电,在恶劣的环境下也丝毫不影响其正常工作。

二氧化碳传感器的原理与结构千差万别,要怎么根据具体的测量目的、测量对象以及测量环境合理地选用传感器,是在进行某个量的测量时首先要解决的问题。当传感器确定之后,与之相配套的测量方法和测量设备也就可以确定了。

图3-1 二氧化碳传感器外观

二、二氧化碳传感器原理

市场上常用的二氧化碳传感器主要有两种,一种是固态电解质的,另一种是采用红外原理的。其中固态电解质传感器的工作原理是气敏材料在通过气体时会产生离子,从而形成电动势。通过测量电动势来测量气体浓度。由于这种传感器电导率高、灵敏度和选择特性好,得到了广泛应用,如图3-2所示。而红外二氧化碳传感器的原理是CO_2对特定波段红外辐射有吸收作用,会使透过测量室的辐射能量减弱。通过检测能量的衰减量来得知被测气体中CO_2的含量,如图3-3所示。

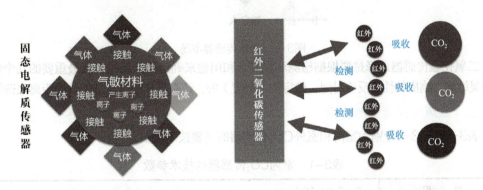

图3-2 固态电解质传感器工作原理　　图3-3 红外二氧化碳传感器工作原理

三、二氧化碳传感器种类

除了固态电解质外,非弥散性红外线气体检测原理的测量方法主要有3种:单光束单波长测量、双光束双波长测量和单光束双波长测量。

二氧化碳传感器输出信号常见的有电流型输出和差分电压输出,也叫485信号输出。从传输距离来看,电流型输出传输距离近,而485信号输出传输的距离远。因此,也将电流型CO_2传感器称为室内CO_2传感器,输出485信号的CO_2传感器称为室外CO_2传感器,如图3-4所示。

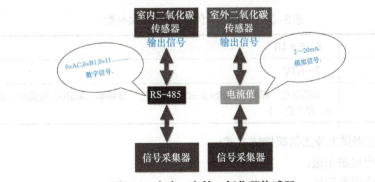

图3-4 室内、室外二氧化碳传感器

四、二氧化碳传感器市场前景

2017年全球传感器市场规模已达到1900亿美元。调查显示,东欧、亚太区和加拿大成为传感器市场增长最快的国家或地区,而美国、德国、日本依旧是传感器市场分布最大的国家,如图3-5所示。就世界范围而言,传感器市场上增长最快的依旧是汽车市场,占第二位的是过程控制市场,看好通信市场前景。

图3-5 全球传感器市场

二氧化碳传感器选择是要根据检测环境要求和用途来确定测量量程,而最重要的几个参数就是灵敏度,响应特性(反应时间,稳定性,精度)等,还有的是根据测量传输的距离来选择。

五、二氧化碳传感器特点

表3-1和表3-2分别为室内和室外CO_2传感器的主要技术参数。

表3-1 室内CO_2传感器的技术参数

量 程	$0\sim5.0\times10^{-3}$
电压供电	12~24V
信号输出大小	4~20mA输出

室内CO_2传感器供电及通信端接线方式:
红线——供电电源正极。
黑线——供电电源负极。
蓝线——信号输出(电流)。

表3-2 室外CO_2传感器的技术参数

量 程	$0\sim5\times10^{-3}$
电压供电	7~24V
信号输出大小	485信号,标准 Modbus-RTU 协议,波特率:9600;校验位:无;数据位:8;停止位:1

室外CO_2传感器供电及通信端接线方式:
红线——供电电源正极。
黑线——供电电源负极。

黄线：信号输出（接RS-485A+）。

绿线——信号输出（接RS-485B-）。

任务实施

一、虚拟仿真实现二氧化碳测试

使用"物联网云仿真实训台"软件，完成二氧化碳传感器的连接。

步骤一：设备选型

1）打开左侧设备选型区中的"有线传感器"列表，选择"室内、室外二氧化碳"传感器，如图3-6所示。

2）将"二氧化碳传感器"拖入工作台中，如图3-7所示。

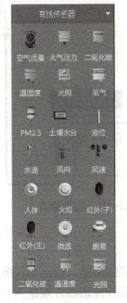

图3-6　选择二氧化碳传感器　　　　图3-7　将二氧化碳传感器拖入工作台

3）选择"电源"列表，将24V电源拖入工作台中，如图3-8所示。

图3-8　将24V电源拖入工作台

步骤二：线路连接

连接"二氧化碳传感器"线路，如图3-9所示。

连接完成后，单击"连线验证"按钮开启，如果有线路接线错误则将提示错误。

步骤三：功能测试

单击"模拟实验"按钮，二氧化碳传感器上呈现数值，效果如图3-10所示。单击打开二氧化碳传感器选项对话框，选择设定值，则传感器边上所呈现的数值将发生变化。

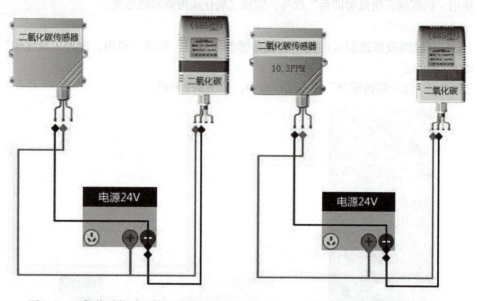

图3-9 二氧化碳传感器线路连接　　　　图3-10 功能测试

二、真实环境下实现二氧化碳测试

步骤一：设备选型

1）挑选二氧化碳传感器。参照图3-11所示的几件物联网传感器，找出本任务要安装的室内、室外二氧化碳传感器，并进行外观检查。观察室内、室外传感器外观是否有损坏，传感器外接延长线等是否完好。

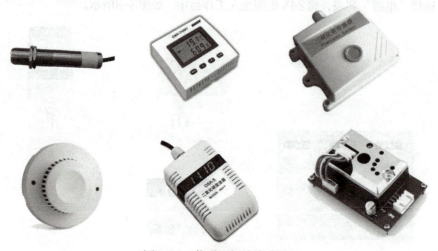

图3-11 物联网相关传感器

> **想一想**
>
> 为什么室内二氧化碳传感器外接的延长线使用红黑蓝3根导线,而室外二氧化碳传感器外接的延长线使用红黑黄绿4根导线?

2)查看二氧化碳传感器的参数。观察二氧化碳传感器的外观,查看其所贴的产品参数标签,物联网实训室所使用的室内CO_2传感器的核定工作电压是:_____V。室外CO_2传感器的输出信号是:_____。

步骤二:安装走线槽

参考项目1任务2的操作步骤,根据实训工位的铁架尺寸,制作走线尺寸合适的走线槽。挑选合适尺寸的螺钉、螺母、垫片,选用螺钉旋具,完成物联网实训工位四周走线槽以及传感器走线槽的安装。

步骤三:安装室内、室外CO_2传感器

从物联网设备中挑选正确的CO_2传感器,挑选合适的螺钉(十字盘头螺钉M4×16)、螺母、垫片,选用任务1介绍的安装工具,在物联网实训工位铁架上安装室内、室外传感器。注意室外CO_2传感器应先安装底座,再将传感器安装到底座上。同时,室内、室外CO_2传感器应留出传感器外接延长线,安装后的CO_2传感器可参考图3-12。

图3-12 室内、室外CO_2传感器安装

步骤四:连接CO_2传感器电源

1)根据CO_2传感器外接延迟线与实训工位稳压电源接线端子的距离,剪取长度适宜的一根红黑平行导线。

2)使用剥线钳,将红黑线两端剥掉约0.8cm的绝缘皮。

3)使用剥线钳,将CO_2传感器原本的外接延长线剥掉约0.8cm的绝缘皮。

4)使用红黑线,将CO_2传感器原本的外接延长线连接延长。注意:红黑平行线的红线接CO_2传感器的红色延长线,红黑平行线的黑线接风向传感器的黑色延长线。

5)将红黑延长线连接到实训工位的稳压电源24V处。使用相同的方法,完成室内CO_2和室外CO_2传感器电源线的连接,如图3-13a和图3-13b所示。

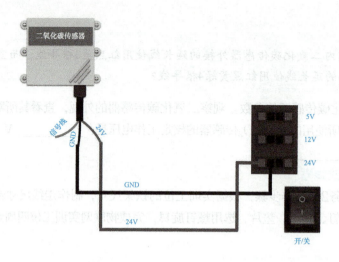

a)

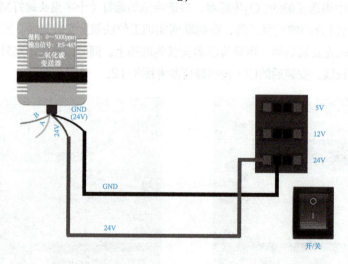

b)

图3-13　二氧化碳传感器线路连线图

步骤五：功能测试

检测线路连接情况。同一个小组的成员相互检查各种线路的连接情况。

使用数字万用表蜂鸣档测试线路的连接情况。

1）断电状态下测试。关闭设备电源，表笔插接方法：将黑表笔插进"COM"孔、红表笔插进"VΩ"孔中。其次，选档：把旋钮旋到"蜂鸣器档"中所需的量程。接着，用红黑表笔分别接待测线路的两端，例如，先测室内二氧化碳传感器电源正极与24V正极之间的线路，如果线路导通，万用表的蜂鸣器会发出"滴……"的报警声，并且数字万用表屏幕上显示"001.2"。如果不导通，则需再次检查线路连接是否牢固，如图3-14和图3-15所示。用同样的方法完成全部安装线路的检测。

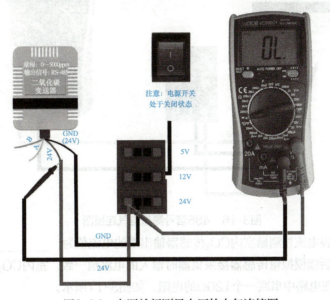

图3-14　电源关闭测量电压的电气连接图

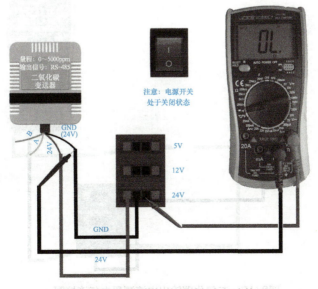

图3-15　电源供电电压测量电气连接图

2)通电测试。将实训工位的稳压电源开关开启,使用数字万用表电压档测量两个CO_2传感器的供电压,如图3-16所示。测试出来的电压值为:_____V。

观察室外CO_2传感器显示屏上数码显示的数字为:_____$\times 10^{-6}$。

使用数字万用表电压档,测量室外CO_2传感器输出485信号两端的电压值为:_____V。

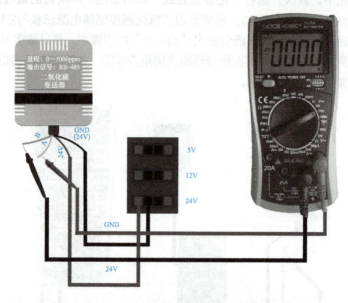

图3-16 485信号测量电气连接图

使用数字万用表电流档测量室内CO_2传感器输出端的电流值为:_____mA。

注意,为了和后续模拟量传感器接采集器时输入的电流值一致,室内CO_2传感器测量信号端输出电流值时应在电路中串联一个120Ω的电阻,如图3-17所示。

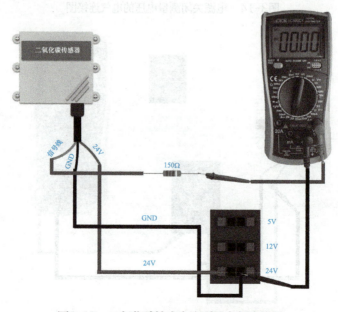

图3-17 二氧化碳输出电流测量电气连接图

操作视频：安装室内、室外二氧化碳测试装置	

任务评价

参照任务完成情况检查表，进行相互检查、评价。

任务完成情况检查表

检查内容	检查结果	满意率
通电后CO_2传感器的供电电压值是否正确	是□ 否□	100%□ 70%□ 50%□
卡槽安装是否牢固	是□ 否□	100%□ 70%□ 50%□
CO_2传感器安装是否牢固	是□ 否□	100%□ 70%□ 50%□
是否正确选择螺钉、螺母、垫片	是□ 否□	100%□ 70%□ 50%□
CO_2传感器线路连接是否牢固、美观	是□ 否□	100%□ 70%□ 50%□
导线两端的连接头是否有露铜现象	是□ 否□	100%□ 70%□ 50%□
室内CO_2传感器输出电流是否正确	是□ 否□	100%□ 70%□ 50%□
室外CO_2传感器输出电压是否正确	是□ 否□	100%□ 70%□ 50%□
完成任务后工具摆放是否整齐	是□ 否□	100%□ 70%□ 50%□
完成任务后工位及周边的卫生环境是否整洁	是□ 否□	100%□ 70%□ 50%□

拓展任务：室内、室外二氧化碳信号采集状况分析

1）根据室内二氧化碳量指标，计算电流值并将其转换成二氧化碳数值填写至下表中，如有错误，请在错误原因一列中写明。

电流值	二氧化碳数值	错误原因
2mA		
4mA		
1.5mA		
22mA		
6.4mA		

2）根据线路图3-18，将室外二氧化碳传感器串口信号线连接至PC串口中，并使用串口调试软件完成信号的采集。

室外二氧化碳传感器设置：

波特率：9600；校验位：无；数据位：8；停止位：1。

指令（获取）：

地址	功能码	起始寄存器地址高	起始寄存器地址低	寄存器长度高	寄存器长度低	CRC16低	CRC16高
0x01	0x03	0x00	0x00	0x00	0x01	0x84	0x0a

返回：

地址	功能码	数据长度	寄存器0数据高	寄存器0数据低	CRC16低	CRC16高
0x01	0x03	0x00	0x00	0x00	0x19	0x84
			二氧化碳浓度，单位：10^{-6}			

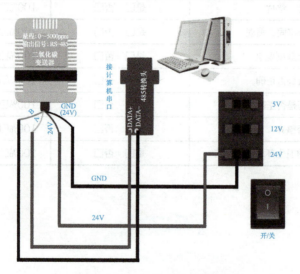

图3-18　二氧化碳传感器线路图

碳达峰、碳中和助力实现美好生活

气候变化是当今人类面临的重大全球性挑战。在2021年4月22日的领导人气候峰会上，习近平主席发表题为《共同构建人与自然生命共同体》的重要讲话。同时，为积极应对气候变化，我国宣布力争2030年前实现二氧化碳排放达到峰值、2060年前实现碳中和。

什么是碳达峰呢？碳达峰是指全球或一个地区的二氧化碳排放总量，在某一时间点达到历史最高点，即碳峰值，经平台期后进入持续下降的过程。碳达峰是碳排放量由增转降的历史拐点。什么是碳中和呢？碳中和是指人类经济社会活动所必需的碳排放，通过植树造林和其他人工技术或工程加以捕集利用或封存，从而使排放到大气中的二氧化碳净零排放。

为什么要提出碳达峰和碳中和的目标呢？人类社会进入工业文明后，发展模式高度依赖化石能源和物质资源投入，因而产生大量碳排放、能源消耗和生态环境问题，导致全球气候变化和发展不可持续。碳达峰和碳中和目标是为积极应对气候变化这个全球性重大挑战而提出的，它不仅是我国实现可持续发展的内在要求和加强生态文明建设、实现美丽中国目标的重要抓手，更体现了负责任大国的担当。

实现碳达峰、碳中和目标的根本前提就是生态文明建设，深入树立"绿水青山就是金山银山"的生态文明理念，推动从传统的工业化模式向生态文明绿色发展模式转变。一方面，可以通过改变能源结构、控制化石燃料使用量、增加清洁可再生能源的使用比例、提高能源使用效率等各种手段措施来控制温室气体排放。另一方面，可以通过植树造林和固碳技术等增加温室气体的吸收，从而加快碳达峰的进程，促进碳中和目标的实现。

思考启示

全球气候变化影响着每一个人，应对气候变化不仅是政府和企业的行为，也需要我们每个人在衣食住行用等日常生活的各个环节行动起来，挖掘减排潜力。

1）少买不必要的衣服，可以减少二氧化碳排放。
2）把米提前浸泡10min，可以缩短煮饭时间，节约用电。
3）淋浴代替盆浴并控制洗澡时间，可以节水减排。
4）每月少开一天车，节能减排靠每天。

让我们每个人携起手来，在生活中不断践行绿色低碳的环保理念，就能为碳达峰、碳中和目标贡献力量。

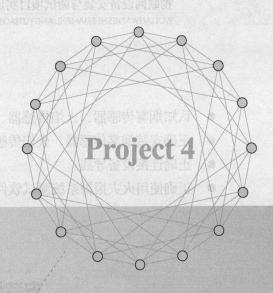

项目 4

安装火灾报警系统装置

项目描述

随着家用电器的增多，生活中用火、用电、用气日益频繁，家庭火灾发生率急剧攀升。用火不慎、吸烟、儿童玩火、电气设备老化、电气设备安装不合规范等都有可能带来火灾，轻者造成财务损失，重者造成人身伤害。众所周知，在火灾初期，物品因为燃烧不充分往往会产生大量的烟雾，"无线烟雾（火警）探测器"这件产品就可以在第一时间检测出室内烟雾浓度的变化，提前做出反应——在火势还没有蔓延开的时候就帮你打开窗户或者开启消防水阀。它就像一个忠诚的家庭卫士，在火灾初期就能够及时控制火势，将危险扼杀在摇篮里。

学习内容

- 认知烟雾传感器、火焰传感器、报警灯、继电器以及数字量采集器。
- 正确安装烟雾传感器、火焰传感器、报警灯、继电器以及数字量采集器。
- 正确连接设备导线。
- 正确使用火灾报警系统测试软件测试火灾报警系统装置。

任务1　安装烟雾、火焰传感器

任务描述

认知烟雾、火焰传感器；选用工具完成走线槽、传感器的安装并进行通电测试。

任务准备

一、烟雾传感器

1. 烟雾传感器概述

烟感传感器，也被称为烟雾探测器、感烟式火灾探测器、感烟探测器和烟感探头，主要应用于消防系统，在安防系统建设中也有普及。它是一种典型的由太空消防措施转换为民用的设备。

JTY-GD-DG311联网型光电感烟火灾探测器如图4-1所示。该传感器是采用特殊结构设计的光电传感器，使用SMD贴片加工工艺生产，具有灵敏度高、稳定可靠、低功耗、美观耐用、使用方便等特点。电路和电源可自检，可进行模拟报警测试。该产品适用于家居、商店、歌舞厅、仓库等场所的火灾报警。

图4-1　烟雾传感器

2. 烟雾传感器的技术参数

烟雾传感器的相关技术参数见表4-1。

表4-1　烟雾传感器的技术参数

灵敏度	符合UL的217号标准
报警音量	≥80dB/3m
工作电压	DC 9~28V供电
工作电流	监控状态10μA，报警状态20mA
工作环境	温度-10℃~50℃，相对湿度≤95%RH
指示灯	监控时每40s闪烁一次，报警时每1秒闪烁1次
触点容量	≤1A
远程报警	增配电话报警器后可实现远程电话报警

3. 烟雾传感器的性能特点

1）新型高性能传感器能够有效探测阴燃火灾的发生。
2）独立、无线报警器采用美国专业芯片设计，性能可靠。
3）联网报警器采用智能微处理器，多种火灾模型算法杜绝误报警。
4）烟室采用防虫网设计，避免昆虫误入报警。
5）LED灯显示报警器正常工作和报警状态。
6）外壳采用防火ABS工程塑料，美观大方。

备注：该烟雾报警器的报警方式是：当监测到烟雾浓度超标时，立即声光报警，并输出脉冲电平信号、继电器常开或常闭信号。常开、常闭继电器输出可使用跳线帽调节（默认常闭设置），按键自检时有信号输出。

4. 使用注意事项

注意：该产品不适宜在以下场所使用：
1）正常情况下有烟滞留的场所。
2）有较大粉尘、水雾、蒸汽、油雾污染。
3）腐蚀气体的场所。
4）相对湿度大于95%的场所。
5）通风速度大于5m/s的场所。

二、火焰传感器

1. 火焰传感器概述

火焰传感器是专门用来搜寻火源的传感器。当然火焰传感器也可以用来检测光线的亮度，只是其对火焰特别灵敏。
JTGB-ZW-CF6002型火焰传感器，如图4-2所示。观察火焰传感器外观是否有破损等情况。

图4-2 火焰传感器

2. 火焰传感器的技术参数

表4-2 火焰传感器的技术参数

工作电压	额定工作电压：DC 24V，工作电压范围：DC 12~30V
工作电流	监视电流：≤10mA，报警电流：≤30mA
输出容量	常开或常闭触头（可通过探测器内部PCB上的JP1选定为常开-NO或常闭-NC）两种可选输出，触点容量1A, DC 24V，亦可调为传统电流型
输出控制方式	通过探测器内部PCB板上的跳线器（JP2）可设置为自锁（LOCK）和非自锁（UNLOCK）
指示灯	正常时，大约每隔5s闪亮一次，表示监测状态；报警时常亮
光谱响应范围	180~290nm
报警检测时间设定	当探测器检测到火焰持续一定时间时，探测器才会发出警报，该时间为探测器的检测设定时间。可通过探测器PCB板上的SW1四位拨码的1、2位来设定
上电时间	≤5s
探测距离	一级（25m），测试条件（GB 12791-2006）：底面积为33cm×33cm，高为5cm的容器中的2000g工业乙醇燃烧产生的火焰

（续）

使用环境	温度：-20℃~55℃ 相对湿度：≤95%
外形尺寸	直径：103mm 高：45mm（带底座）
外壳防护等级	IP21
壳体材料和颜色	ABS，灰白
重量	153g
安装孔距	45~75mm
执行标准	GB 12791-2006

3. 输出方式设定

1）通过探测器内部PCB板上四位拨码SW1的第3位可设置为报警自锁（LOCK）和非自锁（UNLOCK）。

报警自锁方式：探测器报警后，锁定报警状态，需断电后方可恢复到正常状态。

报警非自锁方式（出厂默认方式）：探测器报警后，待火警源撤销，探测器保持报警状态30s后，可自行恢复到正常工作状态。

2）通过探测器内部PCB板上的四位拨码SW1的第4位可设定探测器报警输出为继电器无源方式与多线报警主机连接的多线工作方式。

4. 火焰传感器的工作原理

火焰传感器利用红外线对火焰非常敏感的特点，使用特制的红外接收管来检测火焰。然后把火焰的亮度转化为高低变化的电平信号，输入到中央处理器中。中央处理器根据信号的变化做出相应的程序处理。

注意事项：

1）请勿将探测器安装在下列对象的附近。卤素灯、放电灯、消毒灯；焊接火花、电火花；强电磁场、雷电放电；日光直射；所有放射紫外线的对象。

2）探测器无法检测到的对象。隔着玻璃或透明树脂的火焰；点燃的香烟；燃烧的木炭或煤饼；燃烧时不产生火焰的对象。

任务实施

一、虚拟仿真实现火灾报警

使用"物联网云仿真实训台"软件，实现火灾报警系统功能。

步骤一：设备选型

在左侧设备选型区的"有线传感器"列表中选择火焰、烟雾传感器；在"I/O模块"列表中选择4150数字信号采集器；在"执行器"列表中选择继电器；在"其他外设"列表中选择485-232连接器；在"负载"列表中选择报警灯；在"电源"列表中分别选择两个24V、1个220V电源。所选设备如图4-3所示，将它们拖入工作台。

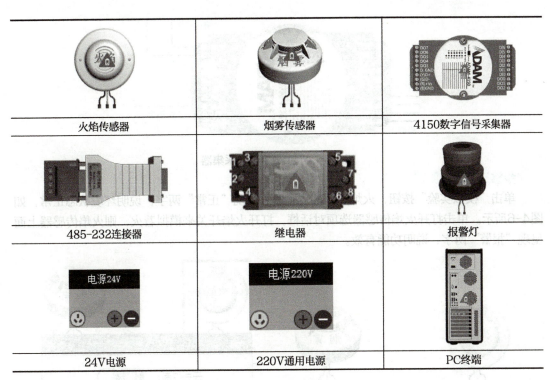

图4-3 设备选型

步骤二：设备连线

参照图4-4，实现各设备之间的连接。其中4150数字信号采集器的连线详见图4-5。

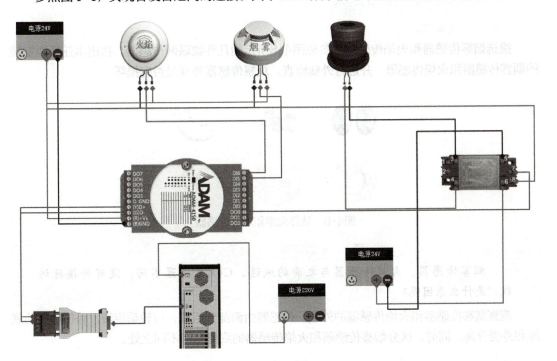

图4-4 火灾报警系统接线图

图4-5　4150数字信号采集器

步骤三：功能测试

单击"模拟实验"按钮，火焰、烟雾传感器上呈现"正常"两字，说明环境状态正常，如图4-6所示。单击打开火焰传感器选项对话框，打开火焰开关来模拟着火，则火焰传感器上面呈现"报警"两字，说明功能有效。

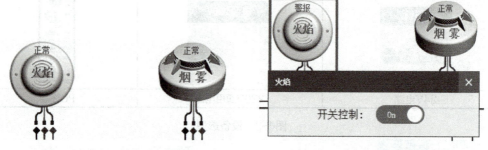

图4-6　常态下的传感器状态　　　　图4-7　非常态下的传感器状态

二、真实环境下实现火灾报警

步骤一：设备选型

挑选烟雾传感器和火焰传感器。参照图4-8所示的几件物联网传感器，找出本任务要安装的烟雾传感器和火焰传感器，并进行外观检查。观察传感器外观是否有损坏。

图4-8　选择火焰和烟雾传感器

> **想一想**
>
> 烟雾传感器、火焰传感器与之前的风速、CO_2传感器不同，没有外接延迟线，是什么原因呢？

观察烟雾传感器和火焰传感器的外观。传感器由两部分组成，可转动旋转，将传感器的底座和外壳分离。同时，区分烟雾传感器和火焰传感器的底座有何不同之处。

步骤二：安装走线槽

参考项目1任务2的操作步骤，根据实训工位的铁架尺寸，制作尺寸合适的走线槽。挑选合适的尺寸、螺钉、螺母、垫片，选用螺钉旋具，完成物联网实训工位铁架四周走线槽以及传感器走线槽的安装。

步骤三：安装烟雾传感器和火焰传感器

挑选合适的螺钉（十字盘头螺钉M4×16）、螺母、垫片，选用十字螺钉旋具，在物联网实训工位铁架上安装烟雾传感器和火焰传感器的底座。

安装后的传感器底座可参考图4-9。安装完成后，检查底座安装是否牢固。

图4-9　安装固定火焰传感器底座

步骤四：连接烟雾传感器和火焰传感器电源和信号延长线

1）用红黑电源线将红线连接烟雾传感器底座④端电源正极，黑线连接③端电源负极，红黑线另外一端接工位两侧的24V电源端子。

2）用相同的方法，将红线连接火焰传感器底座④端电源正极，黑线连接③端电源负极，红黑线另外一端接工位两侧的24V电源端子，如图4-10所示。

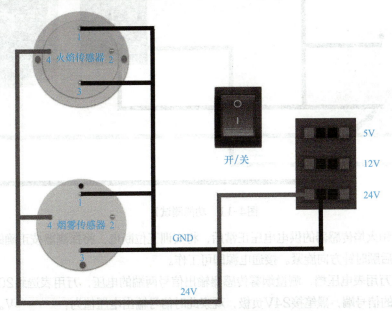

图4-10　烟雾、火焰传感器线路连线示意图

3）用黑色导线将烟雾传感器底座的①端报警输出COM端和③端电源负极连接，接着，再用一根信号线将底座②端从背后延长接出。

4）用黑色导线将火焰传感器底座的①端报警输出COM端和③端电源负极连接，接着，再用一根信号线将底座②端从背后延长接出。

5）检测线路连接情况。同一小组成员相互检查各种线路的连接情况。

6）使用数字万用表蜂鸣档测试线路的连接情况。

步骤五：功能测试

1）断电状态下测试。关闭设备电源。表笔插接方法：将黑表笔插进"COM"孔中、红表笔插进"VΩ"孔中。其次，选档：把旋钮旋转到"蜂鸣器档"中所需的量程。接着，用红黑表笔分别接待测线路的两端。例如，先测烟雾传感器电源正极与24V正极之间的线路。如果线路导通，万用表的蜂鸣器会发出"滴……"的报警声，并且数字万用表屏幕上显示"001.2"。用同样的方法完成全部安装线路的检测。

2）通电测试。将实训工位的稳压电源开关开启，使用数字万用表电压档测量烟雾传感器、火焰传感器底座的供电电压，如图4-11所示。测试出来的电压值为：_____V。

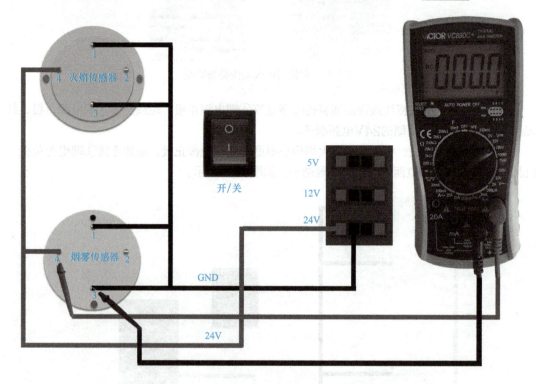

图4-11 功能测试1

测量烟雾和火焰传感器的供电电压正常后，将实训工位断电，将探测器按正确的方向扣在底座上，压下后顺时针方向旋紧。接通电源即可工作。

使用数字万用表电压档，测量烟雾传感器输出信号两端的电压，万用表选到200V档。红笔接烟雾传感的信号端，黑笔接24V负极，观察此时信号输出电压值为：_____V。按下烟雾传感器上的一个黑色按钮，此时，烟雾传感器会发出"滴——滴——"的报警声，观察此时信号输出电压值为：_____V。

使用数字万用表电压档，测量火焰传感器输出信号两端的电压，万用表选到200V档。红笔接火焰传感的信号端，黑笔接24V负极，观察此时信号输出电压值为：_____V。在传感器的前方点燃打火机，约2s后，火焰传感器上的红色LED报警指示灯会发出闪烁的报警提示，观察此时信号输出电压值为：_____V。

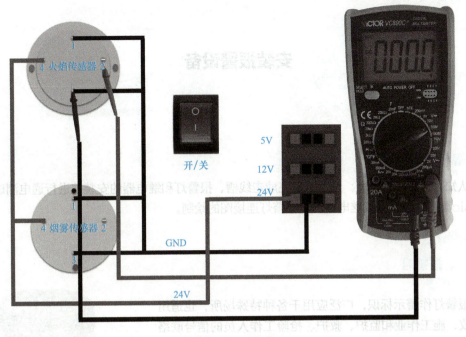

图4-12 功能测试2

操作视频：安装烟雾、火焰报警器

任务评价

参照任务完成情况检查表，进行相互检查、评价。

任务完成情况检查表

检查内容	检查结果	满意率		
通电后烟雾、火焰传感器的供电电压值是否正确	是□ 否□	100%□	70%□	50%□
卡槽安装是否牢固	是□ 否□	100%□	70%□	50%□
烟雾、火焰传感器安装是否牢固	是□ 否□	100%□	70%□	50%□
是否正确选择螺钉、螺母、垫片	是□ 否□	100%□	70%□	50%□
传感器线路连接是否牢固、美观	是□ 否□	100%□	70%□	50%□
导线两端的连接头是否有露铜现象	是□ 否□	100%□	70%□	50%□
烟雾传感器是否能正常检测烟雾	是□ 否□	100%□	70%□	50%□
火焰传感器是否能正常检测火焰	是□ 否□	100%□	70%□	50%□
完成任务后工具摆放是否整齐	是□ 否□	100%□	70%□	50%□
完成任务后工位及周边的卫生环境是否整洁	是□ 否□	100%□	70%□	50%□

任务2　安装报警设备

任务描述

认知报警灯、继电器；选用工具完成走线槽、报警灯和继电器的安装并进行通电测试；认知Visio画图软件，完成继电器控制报警灯连接图的绘制。

任务准备

一、报警灯

1. 概述

报警灯作警示标识，广泛应用于各种特殊场所，也适用于市政、施工作业和监护、救护、抢险工作人员的信号联络和方位指示。如图4-13所示，为24V红色直流报警灯。

2. 特点

光效节能：光源选用超高亮度固态免维护LED光源，光效高、寿命长、节能环保；优良的芯电路设计，声音和声光两种工作模式任意转换，报警声强高达115dB以上，穿透能力强。

图4-13　直流报警灯

充电电池：高能无记忆电池组，充放电性能稳定、容量高，自放电率低、节能环保。

安全可靠：采用先进的光学软件和优化的结构密封设计，外壳选用进口的工程塑料，能经受强力的碰撞和冲击，确保灯具在恶劣的环境中也能长期稳定可靠地工作。

使用方便：体积小、重量轻、携带方便，可采用台面放置、手提、磁力吸附等多种方式。

技术参数

额定电压：DC 24V，光源（LED）工作电流250 mA，平均使用寿命100 000 h。

注意：使用时电源正负极不能接反，红色接正极，白色接负极。

二、电磁式继电器

1. 电磁式继电器概述

继电器（Relay）是一种电控制器件，是当输入量（激励量）的变化达到规定要求时，在电气输出电路中使被控量发生预定的阶跃变化的一种电器。它具有控制系统（又称输入回路）和被控制系统（又称输出回路）之间的互动关系，通常应用于自动化的控制电路中，相当于用小电流去控制大电流运作的一种"自动开关"。故在电路中起着自动调节、安全保护、转换电路等作用。图4-14a为电磁式继电器的示意图，图4-14b为继电器的图形符号。其中引脚对应端口的关系如下：

开关COM端：⑤、⑥。

开关常开端：③、④。
开头常闭端：①、②。
线圈正极端：⑦。
线圈负极端：⑧。

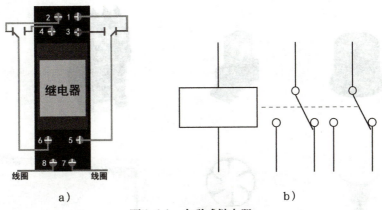

图4-14　电磁式继电器
a）继电器示意图　b）继电器的图形符号

2. 电磁式继电器工作原理

电磁式继电器的工作原理是基于电磁效应和杠杆（带动开关动作）原理。它的具体工作过程是：当继电器线圈绕组通电以后，它所产生的磁场力就会带动机械杠杆，使之发生移位，从而使得原来处于闭合的开关触点（即常闭触点）变为断开，同时原来处于断开的开关触点（即常开触点）变为闭合。由此，实现了对被控制电路的供电切换，达到对被控制电路的控制。当继电器线圈绕组断电后，线圈失去了磁性，机械杠杆在复位弹簧的作用下，完成了复位位移。机械杠杆在复位过程中又带动常闭开关触点恢复到原来的闭合状态，常开开关触点也恢复到原来的断开状态。

三、认知Visio

Visio是一个图表绘制软件。它有助于创建、说明和组织复杂设想、过程与系统的业务和技术图表。它能够将难以理解的复杂文本和表格转换为一目了然的Visio图表，使得信息形象化。生产与运营管理中涉及到的项目管理、质量管理、业务流程等内容，通过应用Visio软件绘制相关图表，能够以清楚简明的方式有效地交流信息，提高了相关工作的效率和质量。

使用Visio Professional软件不仅可以设计办公室布局，还可以制作电气和电信设计图、HVAC设计图等。

请注意，这个图表提供了墙、门、窗户和家具的俯视图。还请注意，家具、设备甚至连植物的形状都已经提前制作好了。

任务实施

一、报警设备安装

步骤一：挑选报警灯、继电器

参照图4-15所示的几件物联网设备，找出本任务要安装的报警灯和继电器，并进行外观检查。观察报警灯和继电器外观是否有损坏。

> **想一想**
>
> 继电器实物有8个引脚，如何区分呢？

图4-15　物联网相关设备

步骤二：安装走线槽

参考项目1任务2的操作步骤，根据实训工位的铁架尺寸，制作尺寸合适的走线槽。挑选合适的尺寸、螺钉、螺母、垫片，选用螺钉旋具，完成物联网实训工位铁架四周走线槽以及报警灯、继电器走线槽的安装。

步骤三：安装报警灯和继电器

（1）安装报警灯

挑选合适的螺钉（十字盘头螺钉M4×16）、螺母、垫片，选用十字螺钉旋具，在物联网实训工位铁架上安装报警灯。注意在设备台子背面加不锈钢垫片（M4×10×1）。

图4-16　安装报警灯

安装后的报警灯可参考图4-16。

（2）安装继电器

1）安装继电器底座。用M4×16十字盘头螺钉将继电器金属底座安装到工位上，注意在设备台子背面加不锈钢垫片（M4×10×1），如图4-17所示。

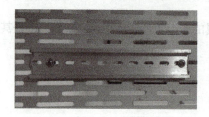

图4-17　继电器金属底座安装示意图

2）安装继电器。将继电器扣到继电器的金属底座上，如图4-18所示。

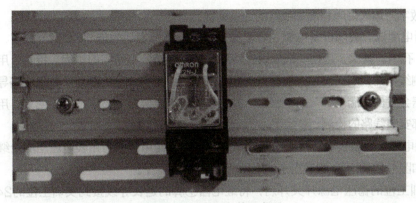

图4-18 继电器安装示意图

步骤四：连接报警灯、继电器的接线

1）制作连接导线。根据继电器与实训工位稳压电源接线端子的距离，剪取长度适宜的一根红黑平行导线。根据报警灯与继电器的距离，再剪取长度适宜的一根红黑平行导线。剪取两根长度适宜的信号线。

使用剥线钳，将红黑线和信号线两端各剥掉约0.8cm的绝缘皮。

2）报警灯与继电器线路的连接。参照图4-19进行继电器线路的连接。使用信号线将继电器的③脚连接到报警灯的负极，继电器的④脚连接到报警灯的正极。

3）继电器的连接。参照图4-19使用红黑平行线的红线⑥脚连接到24V直流稳压电源的正极，⑤脚连接24V直流稳压电源的负极，⑧脚接24V直流稳压电源的正极，⑦脚用导线接出。

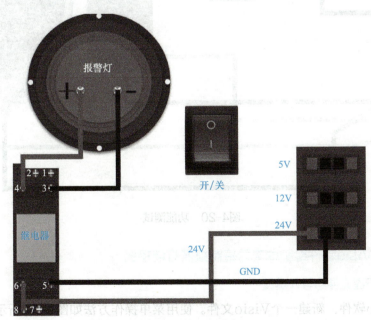

图4-19 报警灯、继电器线路连线示意图

步骤五：功能测试

检测线路连接情况。同一小组成员相互检查各种线路的连接情况。

使用数字万用表蜂鸣档测试线路的连接情况。

1）断电测试。关闭设备电源，表笔插接方法：将黑表笔插进"COM"孔中、红表笔插进"VΩ"孔中。其次，选档：把旋钮旋转到"蜂鸣器档"中所需的量程。接着，用红黑表笔分别接待测线路的两端。例如，先测继电器⑤脚与24V正极之间的线路。如果线路导通，万用表的蜂鸣器会发出"滴……"的报警声，并且数字万用表屏幕上显示"001.2"。用同样的方法完成全部安装线路的检测。

2）通电测试。将实训工位的稳压电源开关开启，使用数字万用表电压档测量继电器的供电电压，如图4-20所示。测试出来的电压值为：_____V。

将实训工位的稳压电源开关开启，将继电器⑦脚的延长导线接到实训工位的24V电源端负极，观察此时继电器的吸合情况和报警灯的亮灭情况。此时继电器为：_____状态，报警灯为：_____状态。

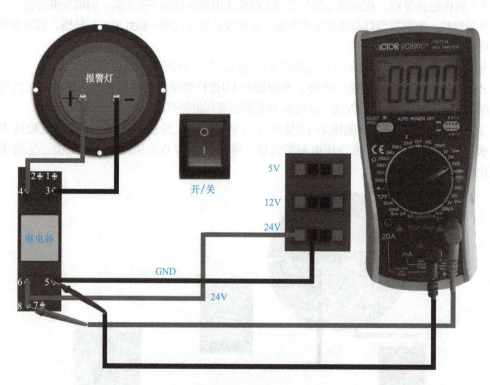

图4-20　功能测试

二、使用Visio软件绘制继电器控制报警灯连接图

步骤一：新建文件与导入模具

打开Visio软件，新建一个Visio文件。使用菜单操作方法如图4-22所示：执行"文件"→"新建"→"基本框图"命令，新建一个空的框图文件，如图4-21所示。

"文件"→"打开"→"计算机"命令，然后选择模具文件存放的目录，单击"打开"按钮导入Visio模具，如图4-22所示。打开后的模具文件如图4-23所示。

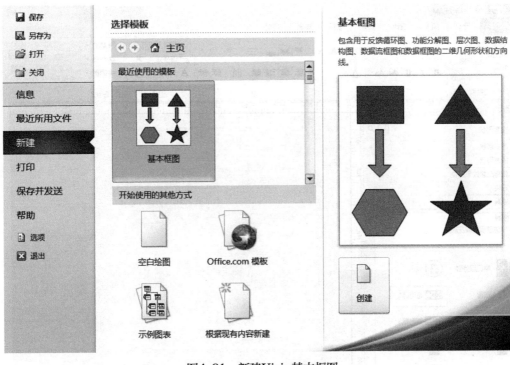

图4-21 新建Visio基本框图

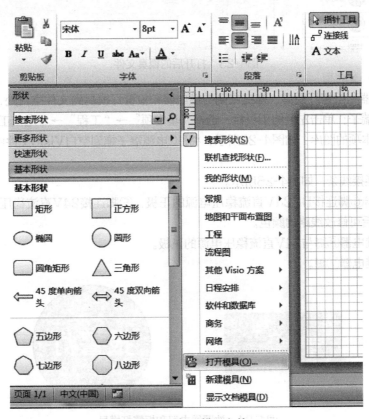

图4-22 打开模具文件

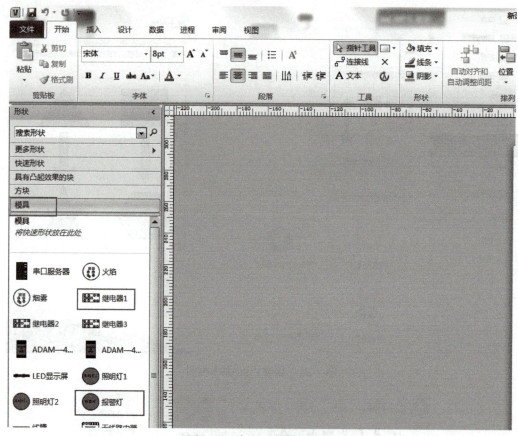

图4-23 打开后的模具文件

步骤二:模具布置

放置继电器和报警灯模具:拖曳左侧的继电器和报警灯模具到文件空白处,如图4-24所示。放置电源端子:单击左侧的工具栏,选择"基本项"→"工程"→"电气工程"→"基本项",打开基本项的图库,如图4-25所示,将DC电源端子拖到空白Visio文件中。

步骤三:连接报警灯与继电器的线路连接

1)选择连接线条,如图4-26所示。

2)继电器⑥脚连接DC24V直流稳压电源的正极,⑤脚连接24V直流稳压电源的负极。连接一条线路后可修改线路的颜色。

3)连接继电器⑧脚与24V直流稳压电源的正极。

4)连接继电器⑦脚。

图4-24 放置继电器和报警灯模具

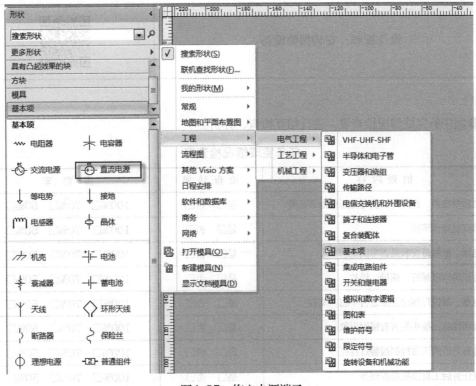

图4-25 拖入电源端子

5）继电器③脚连接到报警灯的负极，继电器的④脚连接到报警灯的正极。连接完成后如图4-27所示。

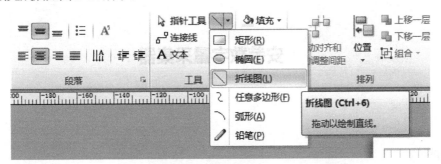

图4-26 选择连接线条

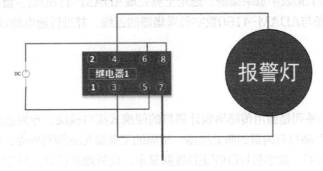

图4-27 连接完成后的效果

操作视频：安装报警设备	

任务评价

参照任务完成情况检查表，进行相互检查、评价。

任务完成情况检查表

检查内容	检查结果	满意率		
通电后继电器、报警灯的供电电压值是否正确	是□ 否□	100%□	70%□	50%□
卡槽安装是否牢固	是□ 否□	100%□	70%□	50%□
继电器、报警灯安装是否牢固	是□ 否□	100%□	70%□	50%□
是否正确选择螺钉、螺母、垫片	是□ 否□	100%□	70%□	50%□
继电器、报警灯线路连接是否牢固、美观	是□ 否□	100%□	70%□	50%□
导线两端的连接头是否有露铜现象	是□ 否□	100%□	70%□	50%□
继电器是否能正常控制报警灯点亮	是□ 否□	100%□	70%□	50%□
完成任务后工具摆放是否整齐	是□ 否□	100%□	70%□	50%□
完成任务后工位及周边的卫生环境是否整洁	是□ 否□	100%□	70%□	50%□

任务3　安装数字量采集器

任务描述

认知ADAM-4150数字量采集器；选用工具完成ADAM-4150数字量采集器的安装、火灾报警系统相关设备与ADAM-4150数字量采集器的连线，并进行通电测试。

任务准备

一、数字量采集器

1. 概述

ADAM-4100系列是通用传感器到计算机的便携式接口模块，专为恶劣环境下的可靠操作而设计。该系列产品具有内置的微处理器，坚固的工业级ABS塑料外壳，可以独立提供智能信号调理、模拟量I/O、数字量I/O和LED数据显示。此外地址模式采用了人性化设计，可以方便读取模块地址。

观察ADAM-4150数字量采集器外观是否有破损，接线端子是否损坏等情况。设备外观如图4-28所示。

2. 特点

7通道输入及8通道输出，坚固型设计（-40～85℃），宽温运行，高抗噪性；1kV浪涌保护电压输入，3kV EFT及8kV ESD保护，过流/短路保护；宽电源输入范围10～48V DC；易于监测状态的LED指示灯，数字滤波器功能，DI通道可以用1kHz计数器，DO通道支持脉冲输出功能。其余特点如下：

（1）7路数字输入

支持数字输入水平倒置；

干接点（逻辑低电平：接地，逻辑高电平：开放）；

湿接点（逻辑低电平：0～3V，逻辑高电平：10～30V）；

图4-28 ADAM—4150数字量采集器

支持3kHz计数器（32位+1位溢流）和频率输入；

过电压保护：±40V DC；

（2）8路数字输出

集电极开路40V，1A（最大负载）；

支持5kHz脉冲输出；

支持高至低和低至高延时输出；

隔离电压：3000V DC；

浪涌、EFT和ESD保护；

RS-485 I/O模块（ADAM-4000和ADAM-5000/485系列）。

ADAM-4000系列模块应用EIA RS-485通信协议，它是工业上最广泛使用的双向、平衡传输线标准。它使得ADAM-4000系列模块可以远距离高速传输和接受数据。

ADAM-5000/485系统是一款数据采集和控制系统，能够与双绞线多支路网络上的网络主机进行通信。

3. 使用注意事项

使用时电源正负极不能接反，ADAM-4150的VS、GND连接到24V直流电源处。注意：有两个GND。D+、D-分别连接485转换头的+、-。

二、RS-232与RS-485概述

1. RS-232概述

它是个人计算机上的通信接口之一，由电子工业协会（Electronic Industries Association，EIA）制定的异步传输标准接口。通常RS-232接口以9个引脚（DB-9，见图4-29）或是25个引脚（DB-25）的形态出现。一般个人计算机上会有两组RS-232接口，分别称为COM1和COM2。

图4-29 RS-232（9针）接口

在串行通信时，要求通信双方都采用一个标准接口，不同的设备可以方便地连接起来

进行通信。RS-232-C接口（又称EIA RS-232-C）是目前最常用的一种串行通信接口（"RS-232-C"中的"-C"只不过表示RS-232的版本，所以与"RS-232"简称是一样的）。

工业控制的RS-232口一般只使用RXD、TXD、GND3条线。

RS-232-C标准规定的数据传输速率为50、75、100、150、300、600、1200、2400、4800、9600、19 200、38 400波特。RS-232-C标准规定，驱动器允许有2500pF的电容负载，通信距离将受此电容限制。例如，采用150pF/m的通信电缆时，最大通信距离为15m；若每米电缆的电容量减小，则通信距离可以增加。传输距离短的另一个原因是RS-232属单端信号传送，存在共地噪声和不能抑制共模干扰等问题，因此一般用于20m以内的接口通信。具体通信距离还与通信速率有关。例如，在9600bit/s时，普通双绞屏蔽线时，距离可达30~35m。

2. RS-485接口

RS-485采用差分信号逻辑，2~6V表示"1"，-6~-2V表示"0"。RS-485有两线制和四线制两种接线。四线制是全双工通信方式，两线制是半双工通信方式。在RS-485通信网络中一般采用的是主从通信方式，即一个主机带多个从机。很多情况下，连接RS-485通信链路时只是简单地用一对双绞线将各个接口的"A""B"端连接起来，而忽略了信号地的连接。这种连接方法在许多场合是能正常工作的。

3. RS-232和RS-485的区别

EIARS-232C对电器特性、逻辑电平和各种信号线功能都作了规定。

在TxD和RxD上：逻辑1（MARK）=-3~-15V；逻辑0（SPACE）=3~15V

在RTS、CTS、DSR、DTR和DCD等控制线上：

信号有效（接通，ON状态，正电压）=3~15V；

信号无效（断开，OFF状态，负电压）=-3~-15V；

以上规定说明了RS-232C标准对逻辑电平的定义。对于数据（信息码）：逻辑"1"（传号）的电平低于-3V，逻辑"0"（空号）的电平高于3V；对于控制信号：接通状态（ON）即信号有效的电平高于3V，断开状态（OFF）即信号无效的电平低于-3V。也就是当传输电平的绝对值大于3V时，电路可以有效地检查出来，介于-3~3V之间的电压无意义，低于-15V或高于15V的电压也认为无意义。因此，实际工作时，应保证电平在±（3~15）V之间。

EIA RS-232C与TTL转换：EIA RS-232C是用正负电压来表示逻辑状态，与TTL以高低电平表示逻辑状态的规定不同。因此，为了能够同计算机接口或终端的TTL器件连接，必须在EIA RS-232C与TTL电路之间进行电平和逻辑关系的变换。实现这种变换的方法可用分立元件，也可用集成电路芯片。目前较为广泛地使用集成电路转换器件，如MC 1488、SN 75150芯片可完成TTL电平到EIA电平的转换，而MC 1489、SN 75154可实现EIA电平到TTL电平的转换。MAX 232芯片可完成TTL和EIA的双向电平转换。

RS-485总线，在要求通信距离为几十米到上千米时，广泛采用RS-485串行总线。

RS-485采用平衡发送和差分接收，因此具有抑制共模干扰的能力。加上总线收发器具有高灵敏度，能检测低至200mV的电压，故传输信号能在千米以外得到恢复。

RS-485采用半双工工作方式，任何时候只能有一点处于发送状态。因此，发送电路须由使能信号加以控制。

RS-485用于多点互连时非常方便，可以省掉许多信号线。应用RS-485可以联网构成分布式系统，其最多允许并联32台驱动器和32台接收器。

三、RS-232转RS-485接口转换器

1. 概述

转换器兼容RS-232、RS-485标准，能够将单端的RS-232信号转换为平衡差分的RS-485信号。转换器可将RS-232通信距离延长至1.2km，无需外接电源，采用独特的"RS-232电荷泵"驱动，不需要靠初始化RS-232串口可得到电源。内部带有零延时自动收发转换，独有的I/O电路自动控制数据流方向，而不需任何握手信号（如RTS、DTR等），从而保证了在RS-232半双工方式下编写的程序无需更改便可在RS-485方式下运行，确保适合现有的操作软件和接口硬件。转换器传输速率300bit/s～115.2K bit/s可以应用于主控机之间、主控机与单片机或外设之间构成点到点、点到多点远程多机通信网络，实现多机应答通信。RS-232/485转换器广泛地应用于工业自动化控制系统、一卡通、门禁系统、停车场系统、自助银行系统、公共汽车收费系统、饭堂售饭系统、公司员工出勤管理系统、公路收费站系统等。

转换器如图4-30所示，由接线柱和转换头两部分组成。

产品外形

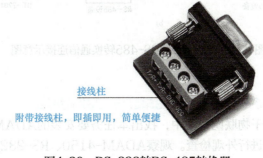

接线柱

附带接线柱，即插即用，简单便捷

图4-30　RS-232转RS-485转换器

2. 特点

1）双向传输，通信距离可达1.2km。
2）无需外接电源，采用串口"电荷泵"驱动方案。
3）内部带有零延时自动首发转换功能。
4）I/O电路自动控制数据流方向。

四、ADAM-4150连接及使用

RS-232到RS-485转换的有RS-485点到点/两线半双工（见图4-31a）、RS-485点对多点/两线半双工（见图4-31b）、UT-2201接口转换器之间半双工（见图4-31c）3种通信连接方式。本任务采用方式一。

本产品外形采用D8-9/DB-9通用转接插头，输出接口配有普通接线柱，可使用双绞线或屏蔽线，连接、拆卸非常方便。T/R+、T/R-代表收发A+、B-，VCC代表备用电源输入，GND代表公共地线，点到点、点到多点、半双工通信接两根线（T/R+、T/R-）。

接线原则"发/收+"接对方的"发/收+"、"发/收-"接对方的"发/收-"，RS-485半双工模式接线时将T/R+（发/收+）接对方的A+、T/R-，（发/收-）接对方的B-。

如果数据通信失败，则检查RS-232接口接线是否正确；检查RS-485输出接口接线是否正确；检查供电是否正常。如果数据丢失或错误，则检查数据通信设备两端数据速率、格式是否一致。

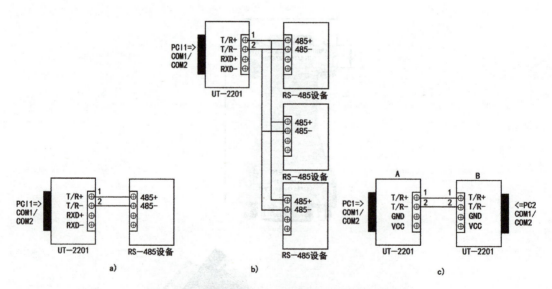

图4-31　RS-232至RS-485转换通信连接示意图

任务实施

步骤一：挑选ADAM-4150、RS-485转RS-232转接头

参照图4-32，在若干物联网设备中，找出本任务要安装的ADAM-4150、RS-232转RS-485接口转换器，并进行外观检查。观察ADAM-4150、RS-232转RS-485接口转换器外观是否有损坏。

图4-32 物联网相关设备

步骤二：安装走线槽

参考项目1任务2的操作步骤，根据实训工位的铁架尺寸，制作尺寸合适的走线槽。挑选合适的尺寸、螺钉、螺母、垫片，选用螺钉旋具，完成物联网实训工位铁架四周走线槽的安装。

步骤三：安装ADAM-4150

挑选合适的螺钉（十字盘头螺钉M4×16）、螺母、垫片，选用十字螺钉旋具，在物联网实训工位铁架上安装ADAM-4150。注意在设备台子背面加不锈钢垫片（M4×10×1）。

安装后的ADAM-4150可参考图4-33。

图4-33 安装ADAM-4150

步骤四：ADAM测试软件的使用

1）安装软件。找到ADAM测试软件安装包（Advantech Adam.NET Utility），打开并安装软件。连续单击"下一步"按钮（Next），单击"安装"按钮（Install）开始安装，等待读条完成，单击"完成"按钮（Finish）。

2）ADAM设备连接。正确连接ADAM-4150的电源线至电源上，并正确连接RS-485通信线缆（DATA+，DATA-），将RS-485转换头插至计算机COM端口上并锁上螺钉。

3）查看ADAM-4150右侧的拨钮，将其拨到下方（Init处），并通上电源。

4）在桌面的计算机图标上单机鼠标右键，在弹出的快捷菜单中选择"管理"命令，进入"设备管理器"，双击右边的端口（COM和LPT）确认计算机后的COM端口号，在这台计算机上显示的是COM1。

5）打开安装好的ADAM软件（Adam.NET Utility）。

6）双击左边的ADAM4000_ADAD5000，单击COM1，鼠标右键单击"搜索"（search）按钮，如图4-34所示。

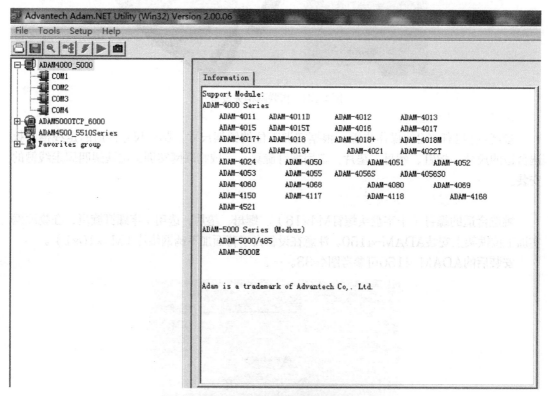

图4-34　ADAM测试软件界面

7）单击"Start"按钮开始扫描，如图4-35所示。

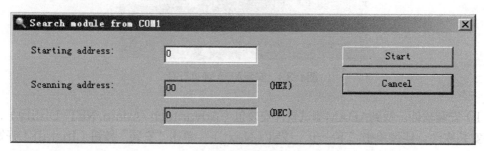

图4-35　搜索设备界面

8)在看到左边出现"4150(*)"的时候,单击"Cancel"(取消)按钮,如图4-36所示。

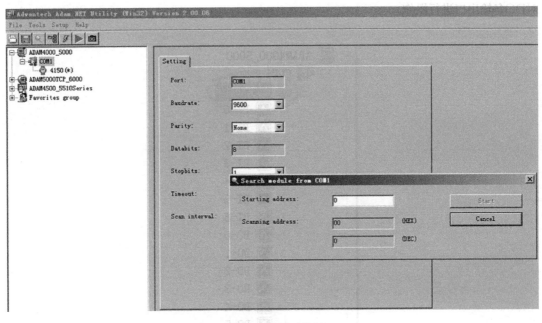

图4-36 搜索到设备

9)双击"4150(*)",按照图4-37进行配置并单击"Apply change"按钮,注意画线处。

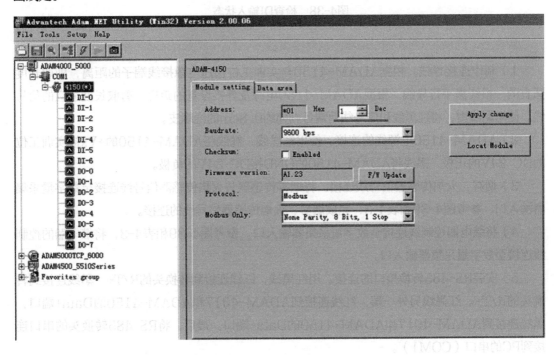

图4-37 ADAM参数设置界面

10）将ADAM-4150的电源断开，将右侧拨钮拨至Normal后重新上电。

11）重新打开软件，搜索设备，进入如图4-38所示的界面，即可以检查DI各输入状态，对DO各输出口进行操作。

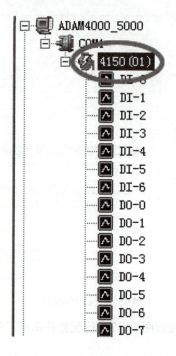

图4-38　检查DI输入状态

步骤五：连接ADAM-4150电源及外接设备

1）制作连接导线。根据ADAM-4150与实训工位稳压电源接线端子的距离，剪取长度适宜的一根红黑平行导线。根据ADAM-4150电源及外接设备的距离，剪取长度适宜的信号线。使用剥线钳，将红黑线和信号线两端各剥掉约0.8cm的绝缘皮。

2）ADAM-4150电源线的连接。使用红黑线，红线将ADAM-4150的+Vs接实训工位的DC 24V的正极，黑线将ADAM-4150的GND接DC 24V的负极。

3）烟雾、火焰传感器信号线连接。将烟雾传感器与火焰传感器信号线连接至数字量采集器输入口，参考图4-39和表4-3，完成烟雾、火焰传感器信号线的连接。

4）将继电器控制线连接至数字量采集器输入口。参考图4-39和表4-3，将继电器的控制线连接至数字量采集器输入口。

5）安装RS-485转换接口的连接。用红黑线，红线连接到转换头的R/T+，黑线连接到转换头的R/T-。红黑线另外一端，红线连接到ADAM-4017和ADAM-4150的Data+端口，黑线连接到ADAM-4017和ADAM-4150的Data-端口。最后，将RS-485转换头的串口连接到PC的串口（COM1）。

6）检测线路连接情况。同一个小组的成员相互检查各种线路连接的情况。

7）使用数字万用表蜂鸣档测试线路正确连接的情况。

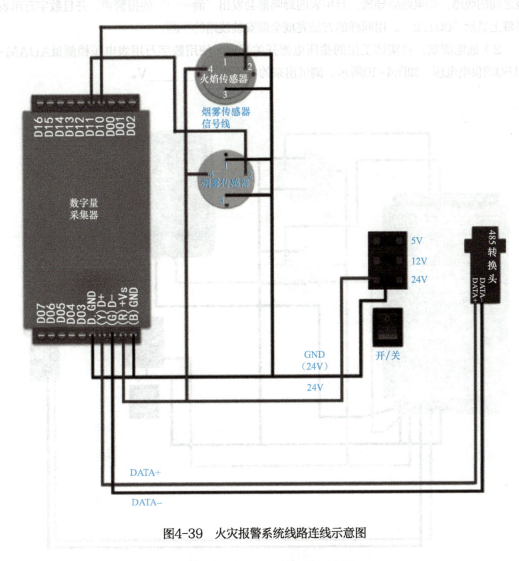

图4-39 火灾报警系统线路连线示意图

表4-3 ADAM-4150信号线连接端口

序 号	传感器名称	供电电压	数字量采集器
1	火焰传感器	24V	DI0
2	烟雾传感器	24V	DI1
3	控制警示灯的继电器	24V	DO0

步骤六：功能测试

1）断电状态下测试。关闭设备电源，采用正确的表笔插接方法：将黑表笔插进"COM"孔中、红表笔插进"VΩ"孔中。其次，选档：把旋钮旋转到"蜂鸣器档"中所需的量程。接着,用红黑表笔分别接待测线路的两端。例如,先测ADAM-4150 Vs端与24V正极之间的线路。如果线路导通,万用表的蜂鸣器会发出"滴……"的报警声,并且数字万用表屏幕上显示"001.2"。用同样的方法完成全部安装线路的检测。

2)通电测试。将实训工位的稳压电源开关开启,使用数字万用表电压档测量ADAM-4150的供电电压,如图4-40所示。测试出来的电压值为:_____V。

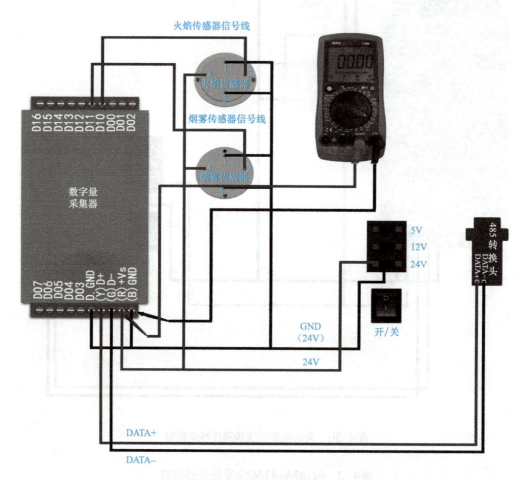

图4-40 功能测试

打开ADAM测试软件,对输出端口DO0进行操作,控制报警灯点亮和熄灭。同时,测试当检测到有火焰、烟雾报警的时候,DI0和DI1的输入状态的变化情况,并填入表4-4中。

表4-4 输入状态的变化

外界状况	DI0的状态	DI1的状态
有火焰		
有烟雾		

操作视频：安装数字量采集器	

任务评价

参照任务完成情况检查表，进行相互检查、评价。

任务完成情况检查表

检 查 内 容	检 查 结 果	满 意 率		
通电后ADAM-4150的供电电压值是否正确	是□ 否□	100%□	70%□	50%□
卡槽安装是否牢固	是□ 否□	100%□	70%□	50%□
ADAM-4150安装是否牢固	是□ 否□	100%□	70%□	50%□
是否正确选择螺钉、螺母、垫片	是□ 否□	100%□	70%□	50%□
ADAM-4150及外围设备线路连接是否牢固、美观	是□ 否□	100%□	70%□	50%□
导线两端的连接头是否有露铜现象	是□ 否□	100%□	70%□	50%□
ADAM是否能正常控制报警灯点亮、是否能正常采集报警信号	是□ 否□	100%□	70%□	50%□
完成任务后工具摆放是否整齐	是□ 否□	100%□	70%□	50%□
完成任务后工位及周边的卫生环境是否整洁	是□ 否□	100%□	70%□	50%□

拓展任务：烟雾、火焰传感器与执行器件的联动

小贴士

烟雾与火焰传感器信号端通常输出为24V，并可控制其输出为常开或者常闭状态。

1）报警灯与火焰传感器联动连接，有火焰时开启报警灯，同时也可手动开启报警灯。将上述功能进行设备的连接并在图4-41中完成电路的绘制工作。

2）LED灯与烟雾传感器联动连接，有烟雾时关闭LED灯，同时也可手动关闭LED灯。将上述功能进行设备的连接并在图4-42中完成电路的绘制工作。

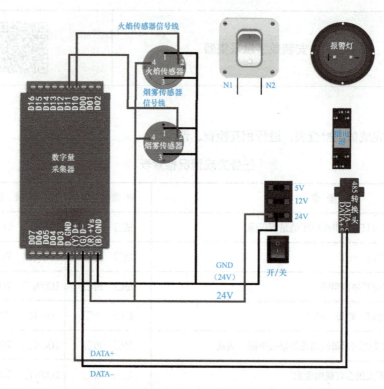

图4-41　电路图1

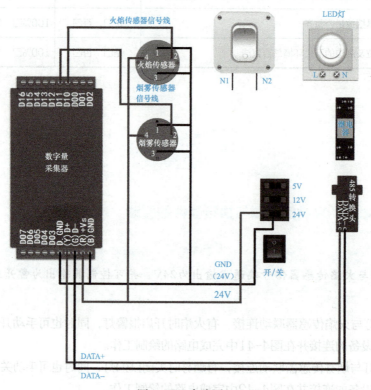

图4-42　电路图2

"智慧消防"筑牢安全"防火墙"

"智慧消防"是充分运用大数据、云计算、物联网、人工智能等新兴技术手段,把消防设施、消防监督管理、灭火救援等各要素有机连接,实现实时、动态、融合的消防信息采集、传递和处理,最大限度做到早预判、早发现、早除患、早扑救,打造从城市到家庭的"防火墙"。在"戈壁油城"新疆克拉玛依,这座"因油而生、因油而兴"的"智慧城市",正在被"智慧消防"构筑的安全"防火墙"保驾护航。

大屏幕上滚动显示着各个单位消防设施的状态,连通火警的平台实时更新着每个角落的情况,利用大数据扫二维码可以看到家里、公司、单位的整体消防状态、消防设施以及巡检、预警、维保信息的处理。只要是接入"智慧消防"的单位发生了固定设施的故障、烟雾和温度报警、火灾预警,这些信息就会第一时间传到指挥中心,指挥中心将会让辖区的消防安全监督员到现场去核实排查,及时解决隐患。

截至目前,"智慧消防"在克拉玛依市平台已经搭建完毕,已接入20多家试点单位。据克拉玛依市消防救援支队统计,克拉玛依市火灾起数从2015年的451起,逐年下降至2018年的218起。作为国家重要的石油石化基地和新疆重点建设的新型工业化城市,石油化工企业从未发生过一起有较大影响的火灾。

思考启示

火灾比车祸、疾病更可怕,它会无情地夺走一个家庭的一切。智慧消防不仅可以用于公共服务,还可以民用。如无线烟感设备在感知家里出现异常情况时,可以自动鸣警笛,同时向主人手机端推送警报信息,"将一切扼杀在萌芽状态"。

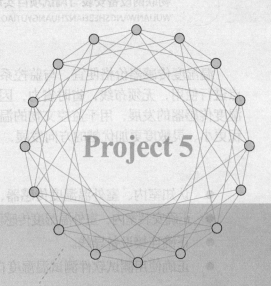

项目 5

安装温湿度自动控制系统

项目描述

温湿度传感器可应用于监控文物环境。

文物深埋于地下时,处在近乎封闭的环境中,物理的、化学的、生物的变化都停留在某种平衡状态,因此历经千年而不损。但是随着挖掘出土,稳定状态被打破,文物直接接触氧气,很容易迅速腐朽、消耗,终归化为尘埃。因此,利用温湿度传感器监控文物所在环境的温湿度是很有必要的。

文物博物馆的温度和湿度要求是非常苛刻的,必须利用温湿度传感器实现对温度、湿度进行24h实时监测,并且将这些数据及时传送给监控中心。一旦数值超出预设温湿度上下限,监测主机就会立即报警,使得文物保护人员能及时采取有效措施来确保文物保存的良好环境。

温湿度传感器价格便宜，与监控系统相连，灵活的传感器探头可直接放置于测量点进行使用，无须布线，省时省力，因此在保护文物方面有不可替代的作用。随着温湿度传感器的发展，用于监控文物的温湿度传感器也会不断改进，朝着精度更高、体积更小、灵敏度更加优越的方向发展，以便更好地监控文物保存的环境。

学习内容

- 认知室内、室外温湿度传感器、风扇以及模拟量采集器。
- 正确安装室内、室外温湿度传感器、风扇、加热灯、继电器以及模拟量采集器。
- 正确连接设备导线。
- 正确使用测试软件测试温湿度自动控制系统装置。

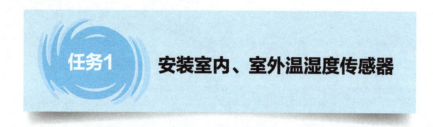

任务1　安装室内、室外温湿度传感器

任务描述

认知室内、室外温湿度传感器；选用工具完成走线槽、传感器的安装并进行通电测试。

任务准备

一、温湿度传感器概述

温度：度量物体冷热的物理量，是国际单位制中7个基本物理量之一。在生产和科学研究中，许多物理现象和化学过程都是在一定的温度下进行的，人们的生活也和它密切相关。

湿度：湿度很久以前就与生活存在着密切的关系，但用数量来进行表示较为困难。

日常生活中最常用的表示湿度的物理量是空气的相对湿度，用"% RH"表示。在物理量的导出上，相对湿度与温度有着密切的关系。一定体积的密闭气体，其温度越高，相对湿度越低；温度越低，相对湿度越高。其中涉及到复杂的热力工程学知识。

温湿度传感器能把空气中的温湿度通过一定检测装置，测量到温湿度后，按一定的规律变换成电信号或其他所需形式的信息输出，用以满足用户的需求。

它是能将温度量和湿度量转换成容易被测量处理的电信号的设备或装置。市场上的温湿度传感器一般是测量温度量和相对湿度量。温湿度传感器的外观如图5-1所示。

二、室内温湿度传感器

1. 概述

该变送器广泛适用于通信机房、仓库楼宇以及自控等需要温湿度监测的场所。传感器内输入电源、测温单元、信号输出3部分完全隔离。外观美观，安装方便，安全可靠。

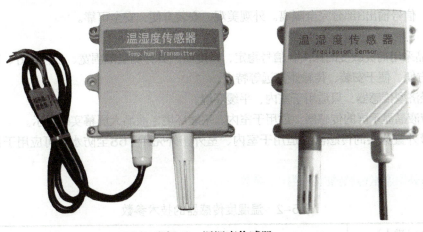

图5-1 温湿度传感器

2. 功能特点

采用瑞士进口的测量单元,测量精准。采用专用的模拟量电路,使用范围宽。10~30V宽电压范围供电,规格齐全,安装方便。可同时适用于四线制与三线制接法。

由于采用模拟量输出量输出,传输距离比较近,一般用于室内采集,也称为室内温湿度传感器。

3. 室内温湿度传感器的主要技术参数

表5-1 室内温湿度传感器的技术参数

直流供电(默认)		10~30V DC
最大功耗	电压输出	1.2W
	电流输出	1.2W
精度	湿度	±3% RH(5%~95% RH,25℃典型值)
	温度	±0.5℃(25℃典型值)
变送器电路工作温度		-20~60℃,0~80% RH
探头工作温度		-40~120℃,默认-40~80℃
探头工作湿度		0~100% RH
长期稳定性	湿度	≤1%/y
	温度	≤0.1℃/y
响应时间	湿度	≤8s(1m/s风速)
	温度	≤25s(1m/s风速)
输出信号	电流输出	4~20mA
	电压输出	0~5V/0~10V
负载能力	电压输出	输出电阻≤250Ω
	电流输出	≤600Ω

注:带显示产品最大电流增加5mA。

三、室外温湿度传感器概述

1. 概述

该变送器广泛适用于农业大棚、花卉培养等需要温湿度监测的场合。传感器内输入电源、感应探头、信号输出3部分完全隔离。外观美观，安装方便，安全可靠。

2. 功能特点

本产品采用高灵敏度的探头，信号稳定，精度高。具有测量范围宽、线性度好、防水性能好、使用方便、便于安装、传输距离远等特点。

1）经济型传感器：只适用于室内、平缓环境。

2）带液晶显示屏的传感器：适用于室内、平缓环境，液晶大屏幕实时显示。

3）带外置探头的传感器：适用于室内、室外，外壳IPV68全防水，可应用于各种恶劣环境。

3. 室外温湿度传感器的主要技术参数

表5-2　温湿度传感器的技术参数

直流供电（默认）		9～24V DC
最大功耗	RS-485输出	0.4W
精度	湿度	±3% RH（5%～95%RH，25℃典型值）
	温度	±0.5℃（25℃典型值）
测量范围	湿度	0～100% RH
	温度	-40～80℃（可定制）
长期稳定性	湿度	≤1%/y
	温度	≤0.1℃/y
输出信号		RS-485输出 RS-485（ModBus协议）

任务实施

一、虚拟仿真实现室内外温湿度控制

使用"物联网云仿真实训台"软件，完成温湿度传感器的连接。接线图如图5-2所示。

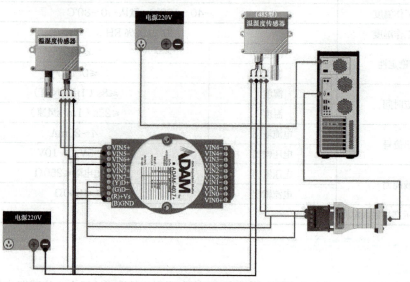

图5-2　室内外温湿度传感器接线图

单击"模拟实验"按钮。温湿度传感器上呈现数值,效果如图5-3所示。单击打开温湿度传感器选项对话框,选择设定值,则传感器上所呈现的数值将发生变化。

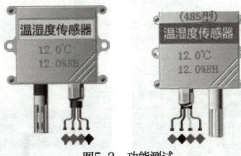

图5-3 功能测试

二、真实环境下实现室内外温湿度控制

步骤一:挑选室内温湿度传感器和室外温湿度传感器

参照图5-4所示的几件物联网传感器,找出本任务要安装的室内温湿度传感器和室外温湿度传感器,并进行外观检查。观察传感器外观是否有损坏。

图5-4 物联网相关传感器

想一想

室内温湿度传感器和室外温湿度传感器输出几条不同颜色的外接延迟线,有什么用途吗?

步骤二:安装走线槽

参考项目1任务2的操作步骤,根据实训工位的铁架尺寸,制作尺寸合适的走线槽。挑选合适的尺寸、螺钉、螺母、垫片,选用螺钉旋具,完成物联网实训工位铁架四周走线槽以及传感器走线槽的安装。

步骤三:安装室内温湿度传感器和室外温湿度传感器

挑选合适的螺钉(十字盘头螺钉M4×16)、螺母、垫片,选用十字螺钉旋具,在物联网实训工位铁架上安装室内温湿度传感器和室外温湿度传感器。

安装后的传感器可参考图5-5。安装完成后,进行安装是否牢固的检查。

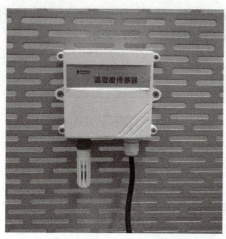
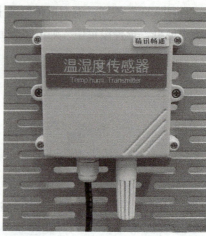

图5-5 温湿度传感器安装

步骤四：连接室内温湿度传感器和室外温湿度传感器的电源和信号延长线

1）制作连接导线。根据传感器与实训工位稳压电源接线端子的距离，剪取长度适宜的两根红黑平行导线。剪取4根长度适宜的信号线。

使用剥线钳，将红黑线和信号线两端各剥掉约0.8cm的绝缘皮。

2）连接室内温湿度传感器的电源。用红黑电源线的红线连接室内传感器外接延长线的红线，红黑线的黑线连接室内传感器外接延长线的黑线。红黑线另外一端接工位两侧的24V电源端子。

3）连接室外温湿度传感器的电源。用相同的方法，用红黑电源线的红线连接室外传感器外接延长线的棕线，红黑线的黑线连接室外传感器外接延长线的黑线。红黑线另外一端接工位两侧的24V电源端子，如图5-6所示。

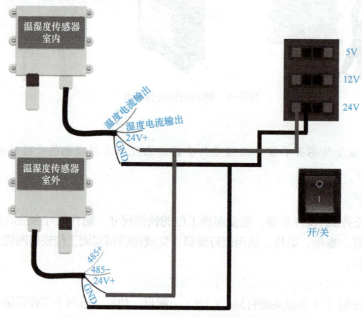

图5-6 室内、室外温湿度传感器线路连线示意图

4）检测线路连接情况。同一小组成员相互检查各种线路连接情况。

5）使用数字万用表蜂鸣档测试线路正确连接情况。

步骤五：功能测试

（1）断电状态下测试

关闭设备电源，采用正确的表笔插接方法：将黑表笔插进"COM"孔中、红表笔插进"VΩ"孔中。其次，选档：把旋钮旋转到"蜂鸣器档"中所需的量程。接着，用红黑表笔分别接待测线路的两端。例如，先测室内温湿度传感器电源正极与24V正极之间的线路。如果线路导通，则万用表的蜂鸣器会发出"滴……"的报警声，并且数字万用表屏幕上显示"001.2"。用同样的方法完成全部安装线路的检测。

（2）通电测试

1）将实训工位的稳压电源开关开启，使用数字万用表电压档测量室内温湿度传感器、室外温湿度传感器的供电电压，如图5-7所示。测试出来的电压值为：_____V。

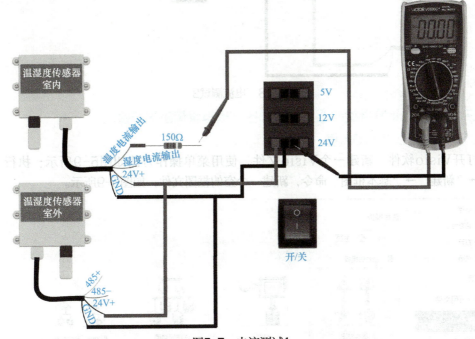

图5-7　电流测试1

2）将实训工位的稳压电源开关开启，使用电流档测量室内温湿度传感器、室外温湿度传感器输出的电流值。将测试结果填入表5-3中。

表5-3　温湿度传感器输出电流

传感器类型	温度信号输出电流	湿度信号输出电流	用手触摸外接端口，输出电流值是否变化
室内温湿度传感器			
室外温湿度传感器			

注意，为了和后续传感器接采集器时输入的电流值一致，温湿度传感器测量信号端输出电流值时应在电路中串联一个120Ω的电阻，如图5-8所示。

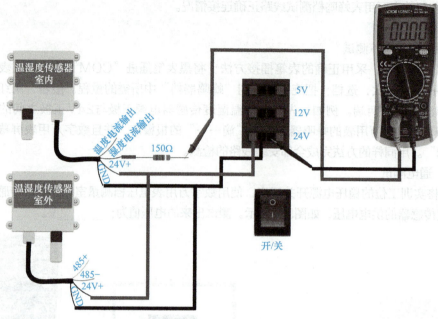

图5-8 电流测试2

三、使用Visio软件绘制温湿度传感器与模拟量传感器连接图

步骤一：新建文件与导入模

打开Visio软件，新建一个Visio文件，使用菜单操作方法如图5-9所示：执行"文件"→"新建"→"基本框图"命令，新建一个空的框图文件，如图5-9所示。

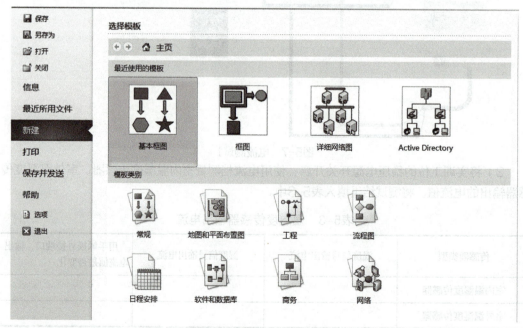

图5-9 新建Visio基本框图

导入Visio模具，执行"文件"→"打开"→"计算机"命令，然后选择模具文件存放的目录，单击打开，如图5-10所示。打开后的模具文件如图5-11所示。

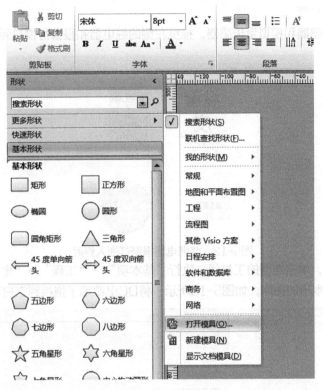

图5-10 打开模具文件

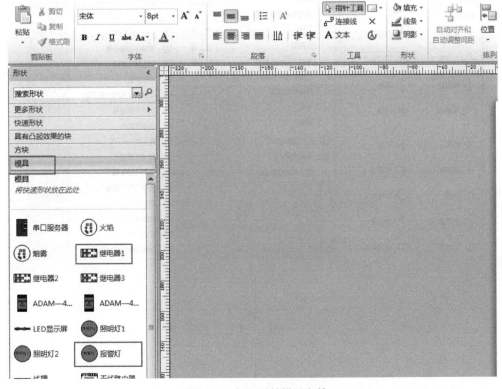

图5-11 打开后的模具文件

步骤二：模具布置

放置温湿度传感器和模拟量传感器，拖曳左侧的继电器和报警灯模具到文件空白处，如图5-12所示。

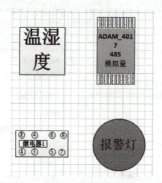

图5-12 将继电器报警灯拖入界面

放置电源端子，单击左侧的工具栏，执行"基本项"→"工程"→"电气工程"→"基本项"命令，打开基本项的图库，如图5-13所示，将DC电源端子拖拽到空白Visio文件中。

图5-13 拖入电源端子

步骤三：连接温湿度传感器与模拟量采集器的线路连接

1）选择连接导线。
2）温湿度传感器负极连接24V直流稳压电源的负极。
3）温湿度传感器正极连接24V直流稳压电源的正极。
4）ADAM-4017模拟量采集器Vs连接直流稳压电源24V正极。
5）ADAM-4017模拟量采集器GND连接直流稳压电源24V负极。

连接完成后如图5-14所示。

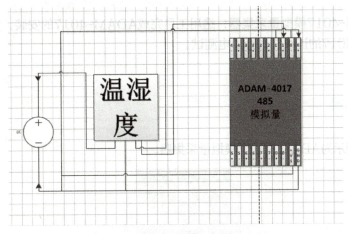

图5-14　温湿度传感器与模拟量采集器的线路连接图

操作视频：安装温湿度自动控制系统	

任务评价

参照任务完成情况检查表，进行相互检查、评价。

任务完成情况检查表

检 查 内 容	检 查 结 果	满 意 率		
通电后室内温湿度传感器、室外温湿度传感器的供电电压值是否正确	是□　否□	100%□	70%□	50%□
卡槽安装是否牢固	是□　否□	100%□	70%□	50%□
室内、室外温湿度传感器安装是否牢固	是□　否□	100%□	70%□	50%□
是否正确选择螺钉、螺母、垫片	是□　否□	100%□	70%□	50%□
传感器线路连接是否牢固、美观	是□　否□	100%□	70%□	50%□
导线两端的连接头是否有露铜现象	是□　否□	100%□	70%□	50%□
温湿度传感器是否能正常检测温湿度	是□　否□	100%□	70%□	50%□
完成任务后工具摆放是否整齐	是□　否□	100%□	70%□	50%□
完成任务后工位及周边的卫生环境是否整洁	是□　否□	100%□	70%□	50%□

任务2　安装模拟量采集器

任务描述

认知ADAM-4017模拟量采集器；选用工具完成ADAM-4017的安装；完成传感器输出信号与ADAM-4017的连线并进行通电测试。

任务准备

模拟量采集器

1. 功能概述

如图5-15所示为ADAM-4017模拟量采集器。

图5-15　ADAM-4017模拟量采集器

模拟量采集器是一款用于采集0～5V电压信号，4～20mA电流信号的智能采集模块，也称为模拟量采集模块。其主要原理是将电压和电流信号采集输入，然后通过RS-485通信接口与上位机PC相连接，通信协议采用工业通信标准的ModBus RTU协议。

2. 功能特点

1）模拟量采集器的电源具有防反接，过压过流保护。

2）采用工业通信标准的RS-485接口，接口带有防雷保护，并且RS-485芯片采用高速光耦合隔离，保证通信的稳定性。

3）通信协议采用标准的工业通信标准协议ModBus协议。

4）通信速率默认为9600bit/s，也可以定制相应的波特率。

5）支持8路模拟量采集输入，支持DIN导轨安装。

典型应用：机房监控，温度传感器控制系统，消防报警系统，自动化控制，智能楼宇，远程数据采集系统。

3. 使用注意事项

使用时电源正负极不能接反，ADAM-4017的Vs、GND连接到24V直流电源处。注意：有两个GND。D+、D-分别连接RS-485转换头的+、-。

任务实施

步骤一：挑选ADAM-4017、RS-485转RS-232转接头

参照图5-16所示的几件物联网设备，找出本任务要安装的ADAM-4017、RS-232转RS-485接口转换器，并进行外观检查。观察ADAM-4017、RS-232转RS-485接口转换器外观是否有损坏。

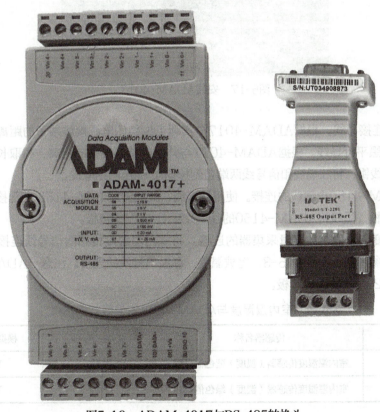

图5-16　ADAM-4017与RS-485转换头

步骤二：安装走线槽

参考项目1任务2的操作步骤，根据实训工位的铁架尺寸，制作尺寸合适的走线槽。挑选合适的尺寸、螺钉、螺母、垫片，选用螺钉旋具，完成物联网实训工位铁架ADAM-4017与温湿度传感器的走线槽的安装。

步骤三：安装ADAM-4017

挑选合适的螺钉（十字盘头螺钉M4×16）、螺母、垫片，选用十字螺钉旋具，在物联网

实训工位铁架上安装ADAM-4017。注意在设备台子背面加不锈钢垫片（M4×10×1）。安装后的ADAM-4017可参考图5-17。

图5-17　安装ADAM-4017

步骤四：连接ADAM-4017电源及外接设备

1）制作连接导线。根据ADAM-4017与实训工位稳压电源接线端子的距离，剪取长度适宜的一根红黑平行导线。根据ADAM-4017与外接传感器设备的距离，剪取长度适宜的信号线。使用剥线钳，将红黑线和信号线两端各剥掉约0.8cm的绝缘皮。

2）ADAM-4150电源线的连接。使用红黑线，红线将ADAM-4150的Vs接实训工位的DC 24V的正极，黑线将ADAM-4150的GND接DC 24V的负极。

3）温湿度传感器与数字量采集器的连接。将室内温湿度传感器信号线连接至数字量采集器输入口，参考图5-18和表5-3，完成温度、湿度信号线的连接。注意：ADAM-4017的VIN0-和VIN2-须接24V的负极。

表5-4　室内温湿度与ADAM-4017信号线连接端口

序　号	传感器名称	供 电 电 压	模拟量采集器
1	室内温湿度传感器（温度）蓝色信号线	24V	Vin0+
2	室内温湿度传感器（湿度）绿色信号线	24V	Vin1+

4）将室外温湿度传感器连接到RS-485转换头。参考图5-18和表5-4，完成室外温湿度传感器信号线到RS-485转换头的连接。传感器的黄色线接RS-485头的R/T+，即RS-485A，蓝色线接RS-485头的R/T-，即RS-485B。

5）安装RS-485转换接口。用红黑线，红线连接到转换头的R/T+，黑线连接到转换头的R/T-。红黑线另外一端，红线连接到ADAM-4017和ADAM-4150的Data+端口，黑线连接到ADAM-4017和ADAM-4150的Data-端口。最后，将RS-485转换头的串口连接到PC的串口（COM1）。

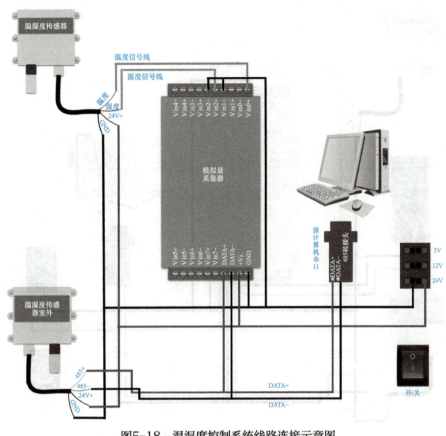

图5-18 温湿度控制系统线路连接示意图

步骤五：功能测试

检测线路连接情况。同一小组成员相互检查各种线路的连接情况。

1）断电状态下测试。关闭设备电源，采用正确的表笔插接方法：将黑表笔插进"COM"孔中、红表笔插进"VΩ"孔中。其次，选档：把旋钮旋转到"蜂鸣器档"中所需的量程。接着，用红黑表笔分别接待测线路的两端。例如，先测ADAM-4017 Vs端与24V正极之间的线路。如果线路导通，则万用表的蜂鸣器会发出"滴……"的报警声，并且数字万用表屏幕上显示"001.2"。用同样的方法完成全部安装线路的检测。

表5-5 ADAM-4017信号线连接端口

序 号	传感器名称	供电电压	模拟量采集器
1	室内温湿度传感器（温度）蓝色信号线	24V	Vin0+
2	室内温湿度传感器（湿度）绿色信号线	24V	Vin1+
3	室外温湿度传感器黄线	24V	RS-485+
4	室外温湿度传感器蓝线	24V	RS-485-

2）通电测试。将实训工位的稳压电源开关开启，使用数字万用表电压档测量ADAM-4017的供电电压，如图5-19所示。测试出来的电压值为：_____V。

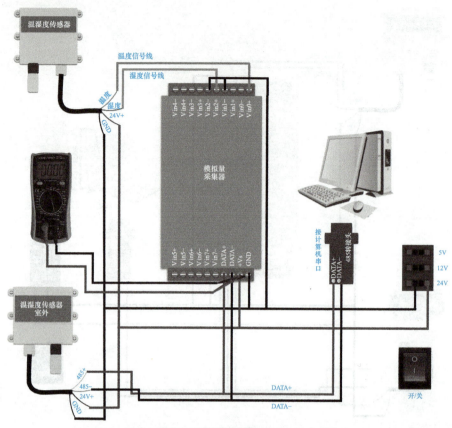

图5-19 功能测试连接图

打开ADAM测试软件，观测ADAM-4017输入端VIN0和VIN2通道输入的电流值。同时，测试当用手去触摸温湿度传感器的测试端子的时候，VIN0和VIN2通道输入的电流值的变化情况，填入表5-6中。

表5-6 室内温湿度传感器采集电流值

	VIN0	VIN2
室内温湿度传感器		

任务评价

参照任务完成情况检查表，进行相互检查、评价。

任务完成情况检查表

检查内容	检查结果	满意率
通电后ADAM-4017的供电电压值是否正确	是□ 否□	100%□ 70%□ 50%□
卡槽安装是否牢固	是□ 否□	100%□ 70%□ 50%□
ADAM-4017安装是否牢固	是□ 否□	100%□ 70%□ 50%□
是否正确选择螺钉、螺母、垫片	是□ 否□	100%□ 70%□ 50%□

（续）

检查内容	检查结果	满意率
ADAM-4017及外围设备线路连接是否牢固、美观	是□ 否□	100%□ 70%□ 50%□
导线两端的连接头是否有露铜现象	是□ 否□	100%□ 70%□ 50%□
温湿度传感器采集的电流值是否正确	是□ 否□	100%□ 70%□ 50%□
完成任务后工具摆放是否整齐	是□ 否□	100%□ 70%□ 50%□
完成任务后工位及周边的卫生环境是否整洁	是□ 否□	100%□ 70%□ 50%□

任务3　使用温湿度自动控制软件

任务描述

使用温湿度自动控制软件实现ADAM-4017信号采集，从而获取室内与室外温湿度传感器信息。

任务准备

在任务2的硬件基础下，通电使用万用表等工具测试线路正常。

任务实施

步骤一：运行温湿度自动控制软件

运行"室内、室外温湿度自动控制系统\Unit6.exe"软件，如图5-20所示。运行后界面如图5-21所示。

图5-20　温湿度自动控制软件主程序

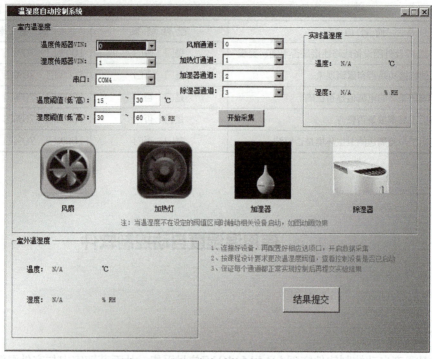

图5-21 温湿度自动控制软件主界面

步骤二：选取传感器通道

在程序窗体温度传感器与湿度传感器VIN控件上，选取传感器的通道：温度为VIN0，湿度为VIN2，如图5-22所示。

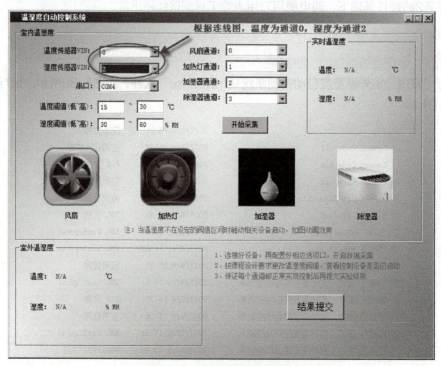

图5-22 选取传感器的通道

步骤三：选择串口号

在选择通道完成后，选择室内与室外温湿度串口号。一般在台式计算机默认情况下选择COM1即可，如图5-23和图5-24所示。

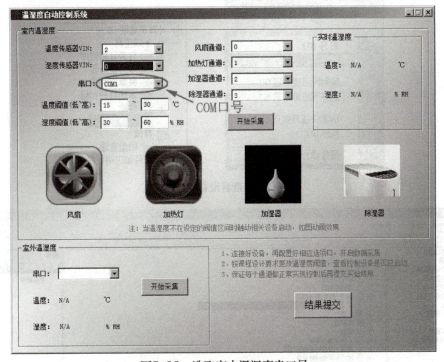

图5-23　选取室内温湿度串口号

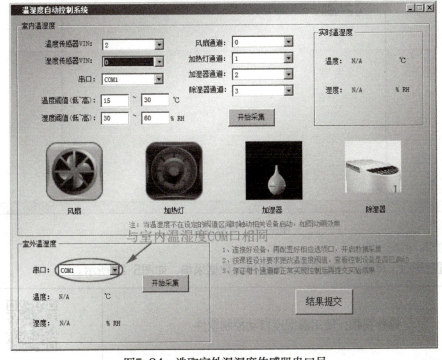

图5-24　选取室外温湿度传感器串口号

如不确定所接COM口编号可执行"计算机"→"管理"→"设备管理器"→"端口（COM和LPT）"命令查看（如确定COM口号可跳过该步骤），如图5-25和图5-26所示。

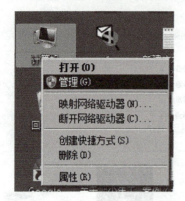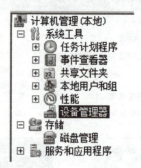

图5-25 查看设备管理器1

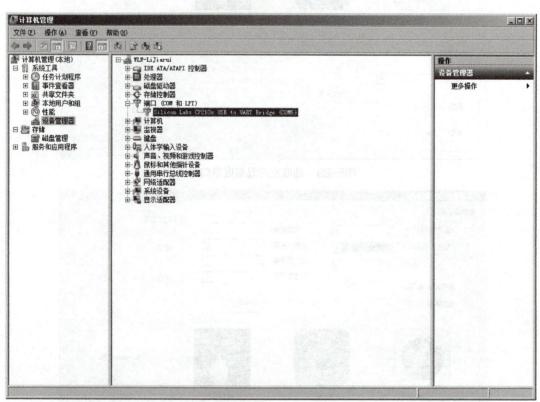

图5-26 查看设备管理2

步骤四：数据采集

设置完毕后，单击"开始采集"按钮进行数据采集，如图5-27所示。

操作视频：使用温湿度自动控制软件	

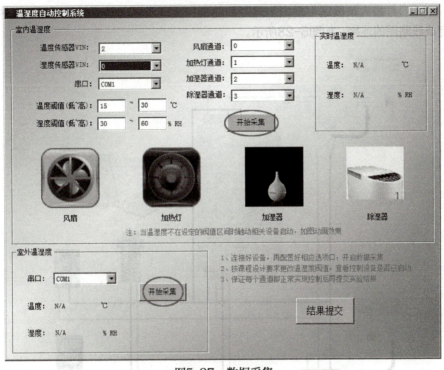

图5-27 数据采集

任务评价

参照任务完成情况检查表,进行相互检查、评价。

任务完成情况检查表

检查内容	检查结果	满意率		
软件启动是否正确	是□ 否□	100%□	70%□	50%□
传感器通道选择是否正确	是□ 否□	100%□	70%□	50%□
传感器串口号选择是否正确	是□ 否□	100%□	70%□	50%□
数据采集是否正常	是□ 否□	100%□	70%□	50%□

拓展任务:温湿度传感器与执行器件的联动

小贴士

ADAM-4150除了可以接入数字量的输入IN,也可以接入数字量的输出端口OUT,本次训练需要接在OUT输出口中。

1）将LED灯接入该线路中模拟加热灯的功能，实现当温度低于阈值时开启加热灯的效果，并完成线路图的连接，如图5-28所示。

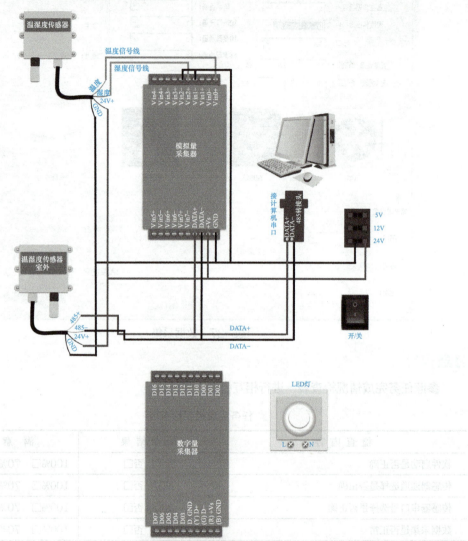

图5-28 线路图

① 外观检查。观察风扇的外观，检查表面是否有破损，电源线是否有脱落。风扇实物图如图5-29所示。

图5-29 风扇实物图

② 功能检测。将风扇电源的正负极接24V电源的正负极，如果风扇可以正常运转那么表示风扇的功能是正常的。

2）将风扇接入该线路中模拟风扇功能，实现当温度低于阈值时开启风扇的效果，并完成线路图的连接，如图5-30所示。

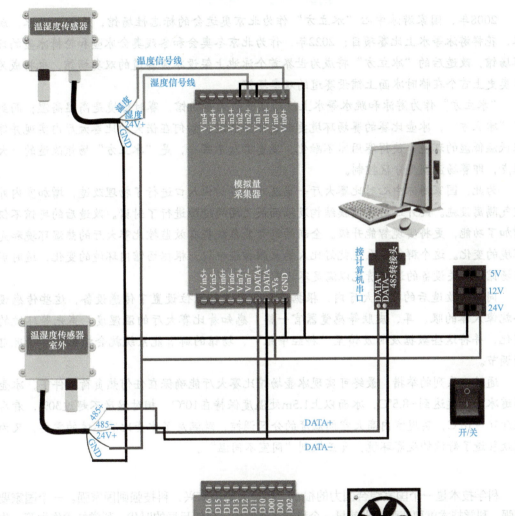

图5-30　连线图

同室不同温　科技来助力

2008年，国家游泳中心"水立方"作为北京奥运会的标志性场馆，承担了游泳、跳水、花样游泳等水上比赛项目；2022年，作为北京冬奥会和冬残奥会冰壶和轮椅冰壶的比赛场馆，改造后的"冰立方"将成为世界首个泳池上架设冰壶赛道的双奥场馆，也将成为冬奥史上首个在临时冰面上铺设赛道的双奥场馆。

"水立方"作为游泳和跳水等水上运动项目的比赛场馆，赛时环境是高温高湿；而到了"冰立方"，冰壶比赛的赛场环境要求是低温低湿。如何在偌大的比赛大厅内实现并保证低温低湿的环境，使得赛用冰不融化，观赛群众不寒冷，是"冰立方"场馆改造的一大难点，即赛场温湿度分区控制。

为此，国家游泳中心对比赛大厅一层及池岸层的出入口进行了物理改造，增加室内外空气隔离设施。此外还对屋顶膜结构及墙面板之间的缝隙进行了封堵。改造后的场馆不仅增加了功能，更将实现智能升级。全新的群智能系统将有效监控比赛大厅的热湿环境和光环境的变化。这个群智能系统就好比人的大脑神经中枢，根据场馆内环境的变化，适时调节场馆内相关设备的运行情况以满足赛场需要。

同时，改造后的比赛大厅内，根据需要在不同的点位设置了传感设备，这些传感设备就像人体的眼、耳、皮肤等感觉器官一样，感知着比赛大厅的温湿度、声光等环境的变化，并将这些数据及时反馈至"神经中枢"，场馆的群智能系统就会根据实际情况自动调节。

通过一系列的举措，最终可实现冰壶场馆比赛大厅能确保在任何热负荷条件下，冰壶赛道冰面温度达到-8.5℃，冰面以上1.5m处温度保持在10℃，相对湿度不超过30%，看台温度16~18℃，实现室内高大空间温度的分区调控，既满足了冰壶比赛环境的需要，又为观众营造了舒适的观赛环境，真正做到"同室不同温"。

思考启示

科学技术是一个国家综合国力的根本，科技兴则民族兴，科技强则国家强。一个国家要变强，科学技术就要变强。当前是一个科技飞速发展、日新月异的时代，科学技术作为第一生产力，已在无数实践中被证明，迈入知识经济时代，国之兴盛当以科学兴国、科学创新为先。"科技报国，创新为民"是中华民族的光荣传统，也是未来职业人不懈奋斗的动力之源和时代担当。

项目 6

模拟操作社区门禁卡

项目描述

　　射频标签是产品电子代码（EPC）的物理载体，附着于可跟踪的物品上，可全球流通并对其进行识别和读写。RFID（Radio Frequency Identification）技术作为构建"物联网"的关键技术近年来受到人们的关注，应用分布在身份证件和门禁控制、供应链和库存跟踪、汽车收费、防盗、生产控制、资产管理等多个领域。

学习内容

- 认知RFID常见的设备。
- 正确安装高频卡读卡器和超高频读卡器。
- 正确读取高频卡信息和超高频卡信息。
- 正确使用软件模拟测试社区门禁系统。

任务描述

认知高频卡和超高频卡的读取设备；进行设备的安装与读取卡信息的操作。

任务准备

一、RFID技术

1. 概述

射频识别（Radio Frequency Identification，RFID）技术，又称无线射频识别，是一种通信技术，俗称电子标签。可通过无线电信号识别特定目标并读写相关数据，而无须识别系统与特定目标之间建立机械或光学接触。

2. RFID系统的组成

典型的RFID应用系统包括RFID识别系统、应用程序接口软件（Application Interface）和应用系统软件（Application Software System）3大部分。

典型的RFID识别系统包括标签（Tag）、阅读器（Reader）、天线（Antenna）、中间件和应用系统软件组成。这几个部分协同工作，完成RFID、标签物品的识别。有时，为了节省成本和减小体积，也将读头和天线集成到一起。对于RFID厂商来说，所要提供的是RFID硬件系统和API。根据RFID厂商提供的API，系统集成商可以根据客户的不同功能需要开发出不同功能的应用软件。

典型的RFID识别系统如图6-1所示。

3. RFID系统的分类

射频识别技术依其采用的频率不同可分为低频系统、高频系统和超高频系统3个大类；根据电子标签内是否装有电池为其供电，又可将其分为有源系统和无源系统两大类；从电子标签内保存的信息注入的方式可将其为分集成电路固化式、现场有线改写式和现场无线改写式3大类；根据读取电子标签数据的技术实现手段，可将其分为广播发射式、倍频式和反射调制式3大类。

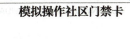

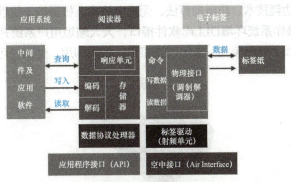

图6-1　RFID系统图

有源RFID系统由于标签需要电池来进行供电，体积较大，寿命有限，而且成本十分高，大大限制了RFID系统的应用范围。但其优点是识别距离较远，可达30m。无源RFID系统无须电池供电，因而标签体积非常小，也可以按照用户的要求进行个性化封装。无源RFID标签理论寿命无限，价格低廉，但是识别距离比有源系统要短。因此，可以预言，随着超高频RFID技术的发展，无源RFID将会得到更加广泛的应用。

4. RFID系统的特点

RFID识别系统和其他自动识别技术相比，具有无须接触、自动化程度高、耐用可靠、识别速度快、适应各种工作环境、可实现高速和多标签同时识别等特点，具有比其他识别技术更加广泛的用途，如供应链管理、门禁安防系统、物流系统、货物跟踪系统、电子支付、生产线自动化、物品监视、汽车监控等。可以说，RFID将是用途最广泛的自动识别技术。

二、高频读卡器

1. 概述

高频电子标签的典型工作频率为13.56MHz。高频标签一般以无源为主，其工作能量同低频标签一样，也是通过电感（磁）耦合方式从阅读器耦合线圈的辐射近场中获得。高频标签的阅读距离一般小于1m，该频率的感应器可以通过腐蚀敷铜板或者印刷电路板的方式制作天线。感应器一般通过负载调制的方式进行工作，也就是通过感应器上的负载电阻控制接通和断开，此时读写器天线上的电压发生变化，实现用远距离感应器对天线电压进行振幅调制。如果通过数据控制负载电压的接通和断开，那么这些数据就能够从感应器传输到读写器。

2. 认识M2系列读写器

如图6-2所示，为M2系列读写器。M2系列读写器是深圳市明华澳汉科技股份有限公司推出的一款外形时尚、性价比高的非接触式智能卡读写器。读写器有USB和串口两种接口，易于与计算机相连接。可应用于14443 Type A标准卡片的一卡通系统，是公交运输、门禁、考勤、网络安全等应用领域的理想选择。读写器的操作方法简捷、方便。读写距离依据非接触标签的类别而定，最大可达125px。而且它小巧的设计能使它很容易地安装在任何地方。

图 6-2　M2系列读写器

三、超高频读卡器

1. 概述

如图6-3所示，为超高频RFID读卡器。型号为SRR1100U超高频（UHF）桌面读写器，融合了先进的低功耗技术、防碰撞算法、无线电技术，极具抗干扰性，可连续上电运行。提供符合Windows操作系统环境DLL库软件接口，大大缩短用户系统开发周期。读写器内部集成了高性能陶瓷天线，外形美观，采用USB接口，即插即用，使用轻巧方便。

图6-3　超高频读卡器

2. 主要用途

SRR1100U超高频桌面读写器主要用于读写超高频标签数据。

3. 主要功能

1）声音提示：读写器会提供标签读写蜂鸣器提示功能，读写器对标签进行读写操作时发出提示声。

2）电源指示：设备右上角有红色LED作为供电工作指示。

3）读写标签数据：可读写标签的各分区的数据字段。

4）二次开发：通过USB接口与控制器或PC相连，进行数据通信与交换；提供开发包，供用户进一步开发应用。

技术参数见表6-1。

表6-1　技术参数

供　　电	USB供电
功　　率	<2.5W
天线极化方向	圆极化
工作频率	920～925MHz，跳频250kHz
发射功率	15dBm
支持协议	EPC GEN2/ISO 18000-6C
识别距离	>30cm
写数据距离	>5cm
接口模式	USB
工作寿命	>5年
工作温度	−20～60℃
工作湿度	小于90%（非冷凝）
外形尺寸	10.8cm×7.8cm×2.8cm

四、UHF超高频电子标签一体机

1. 概述

UHF超高频电子标签一体机如图6-4所示。在保持高识读率的同时,实现对电子标签的快速读写处理,可广泛应用于物流、车辆管理、门禁系统、防伪系统及生产过程控制等多种无线射频识别(RFID)系统。

图6-4 超高频中距一体机实物图

2. 特点

支持协议:EPC C1G2(ISO 18000-6C)。
工作频率:902~928MHz(可以配置其他国家或地区的频段)。
谱跳频(FHSS)、跳频或定频发射方式工作。
输出功率:软件可调,最大30dBm。
读取距离:6~8m(标签9662白卡空旷环境测试)。
标签询查:速度>6m/s。
读卡模式:定时读卡/触发读卡/主从读卡(软件可设置)。
读卡提示:蜂鸣器或指示灯。
功耗设计:DC 9~26V供电。
GPIO接口:支持(可定制输入输出)。
支持:RS-232串行通信接口韦根26/34,RS-485通信接口(要支持网口须用户定制)。
工业级防雷:6000V。
尺寸:260mm×260mm×40mm
工作温度:-25~65℃

任务实施

一、虚拟仿真实现RFID设备安装与调试

使用"物联网云仿真实训台"软件,完成RFID设备的安装与调试。

步骤一:设备选型

根据任务要求在图6-5所示的设备中选择"中距离"和"高频"RFID阅读器,并将它拖入工作台。

步骤二:线路连接

按照图6-6添加相关设备,完成设备之间的线路连接。

图6-5 RFID设备

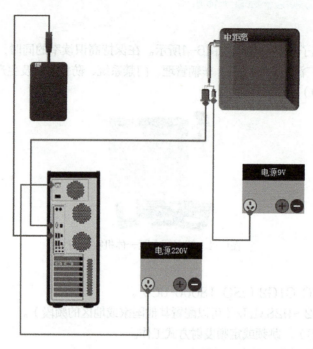

图6-6　RFID线路连接

步骤三：功能测试

单击模拟仿真软件中"在线验证"和"模拟实验"按钮。如果未出现错误提示，表示仿真测试通过。

二、在真实环境下实现RFID设备的安装与调试

步骤一：设备选型

挑选高频读卡器和超高频读卡器设备。参照图6-7所示的几件物联网设备，找出本任务要安装的高频读卡器、超高频读卡器和超高频中距离一体机，并进行外观检查。观察设备外观是否有损坏。

步骤二：连接高频卡读卡器

如图6-8所示，将高频卡读卡器的连接线连接到计算机的USB接口，连接成功后，读卡器的指示灯会亮起。

图6-7　物联网设备

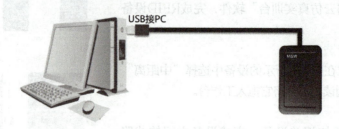

图6-8　高频卡设备连接图

步骤三：连接超高频中距离一体机

（1）外观检查

观察超高频中距离一体机外观是否有破损，电源适配器的导线是否有破损等情况。

（2）设备连接

1）安装走线槽。参考项目1任务2的操作步骤，根据实训工位的铁架尺寸，制作尺寸合适的走线槽。挑选合适的尺寸、螺钉、螺母、垫片，选用螺钉旋具，完成物联网实训工位铁架四周走线槽以及物联网设备走线槽的安装。

2）用配套螺钉（注意添加垫片）将超高频的底座安装到超高频中距离一体机上面，如图6-9a所示。

3）用不锈钢十字盘头螺钉（M4×16）将灯座底板固定在实训平台架子上，注意在设备台子背面加不锈钢垫片（M4×10×1），如图6-9b和图6-9c所示。

a)

b)

c)

图6-9 超高频中距离一体机安装
a）安装支架 b）安装到工位上 c）螺钉、垫片示意图

4）将超高频RFID的串口线连接到计算机的COM口，然后将超高频RFID的电源适配器接到电源插座上。

步骤四：功能检测

1）完成设备的安装后，双击打开UHFReader18demomain应用程序，如图6-10所示。

2）"端口"选择"AUTO"（自动获取串口），设置"波特率"为"57 600bps"，单击"打开端口"按钮，如图6-11所示。

图6-10 应用程序

图6-11 软件设置

3）选择"EPCC1-G2 Test"标签，进入EPCC1-G2界面，拿出标签靠近RFID设备，单击"查询标签"按钮读取标签信息，查询结果如图6-12所示。

通过以上操作步骤后，可以判断超高频中距离一体机质量完好。

图6-12 查询结果

三、高频卡校验软件使用

运行"项目6模拟操作社区门禁卡.exe"软件,运行后界面如图6-13和图6-14所示。

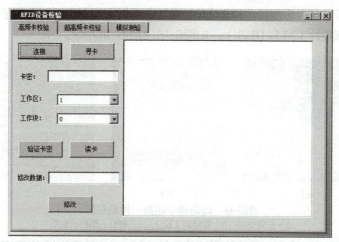

图6-13 高频卡校验软件界面1

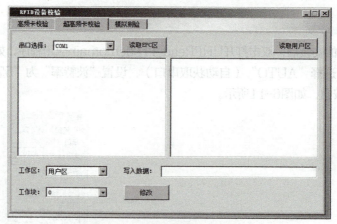

图6-14 高频卡校验软件界面2

根据连接示意图6-15连接高频读卡器设备至PC。

图6-15 高频读卡器设备连接

高频读卡器为即插即用设备，无须手动安装驱动程序，等待驱动程序安装成功后单击"连接"按钮，连接高频读卡器，如图6-16所示。

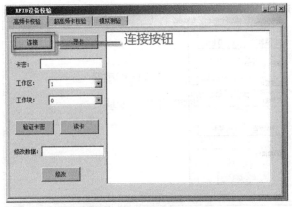

图6-16　连接高频读卡器

软件连接完成后，将高频卡放置在读卡器上方，单击"寻卡"按钮开始寻卡操作，如图6-17所示。

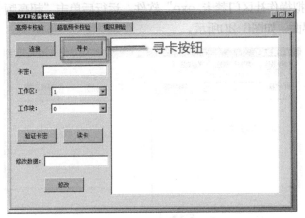

图6-17　寻卡操作

在寻卡完成后，在"卡密"文本框中输入"FFFFFF"（高频卡的默认密码）后，单击"验证卡密"按钮，如图6-18所示。

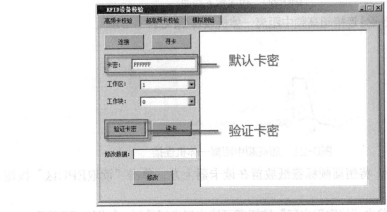

图6-18　验证卡密操作

验证卡密完成后，选择工作区01，工作块00，单击"读卡"按钮读出卡中数据，如图6-19所示。

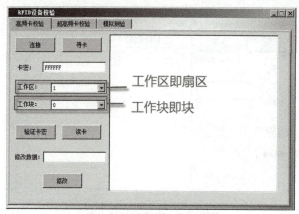

图6-19 读出卡中数据

四、超高频卡校验软件使用

运行"项目6模拟操作社区门禁卡.exe"软件，运行后单击"超高频卡校验"按钮切换界面至超高频卡校验界面，如图6-20所示。

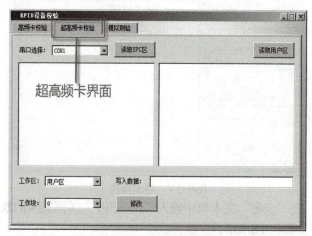

图6-20 超高频卡界面

根据连接示意图6-21连接超高频中距离一体机设备至PC。

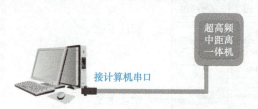

图6-21 超高频中距离一体机连接

选择设备串口号，将超高频标签纸放置在读卡器上方，单击"读取EPC区"按钮，如图6-22所示。

读出EPC区后，单击"读取用户区"按钮即可读出用户区数据，如图6-23所示。

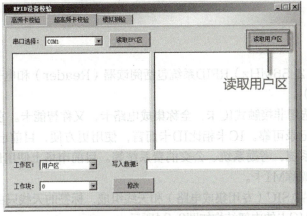

图6-22 读取EPC区操作

图6-23 读取用户区操作

操作视频：安装与调试RFID设备	

任务评价

参照任务完成情况检查表，进行相互检查、评价。

任务完成情况检查表

检 查 内 容	检 查 结 果	满 意 率		
读卡器设备连接是否正确	是□ 否□	100%□	70%□	50%□
卡槽安装是否牢固	是□ 否□	100%□	70%□	50%□
超高频中距离一体机安装是否牢固	是□ 否□	100%□	70%□	50%□
是否正确选择螺钉、螺母、垫片	是□ 否□	100%□	70%□	50%□
高频卡连接后设备指示灯是否会亮	是□ 否□	100%□	70%□	50%□
是否能正常查询超高频标签的信息	是□ 否□	100%□	70%□	50%□
超高频读卡器连接后是否会发出"滴-滴"的声音	是□ 否□	100%□	70%□	50%□
完成任务后工具摆放是否整齐	是□ 否□	100%□	70%□	50%□
完成任务后工位及周边的卫生环境是否整洁	是□ 否□	100%□	70%□	50%□

任务2 制作门禁卡和门禁柔性标签

任务描述

认知高频卡和超高频标签;正确使用读卡器以及配套软件读取标签的信息并修改标签相应的信息。

任务准备

一、高频卡

1. 概述

典型的高频(12.56MHz)RFID系统包括阅读器(Reader)和电子标签(Tag,也称应答器Responder)。

电子标签通常选用非接触式IC卡,全称集成电路卡,又称智能卡。它可读写,容量大,有加密功能,数据记录可靠。IC卡相比ID卡而言,使用更方便,目前已经大量使用在校园一卡通系统、消费系统、考勤系统、公交消费系统等。目前市场上使用最多的是Philips的Mifare系列IC卡,简称M1卡。

IC卡由主控芯片ASIC(专用集成电路)和天线组成,标签的天线只由线圈组成,很适合封装到卡片中,常见IC卡的内部结构如图6-24所示。

图6-24 IC卡的内部结构图

较常见的高频RFID应用系统如图6-25所示,IC卡通过电感耦合的方式从读卡器处获得能量。

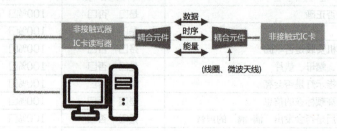

图6-25 常见高频RFID应用系统组成

2. M1卡的存储结构

1）M1卡分为16个扇区，每个扇区由4块（块0、块1、块2、块3）组成，人们也将16个扇区的64个块按绝对地址编号为0～63，存储结构如图6-26所示。

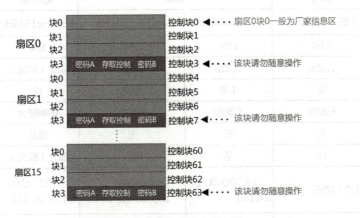

图6-26 M1卡的存储结构

2）第0扇区的块0（即绝对地址0块），它用于存放厂商代码，已经固化，不可更改。

3）每个扇区的块0、块1、块2为数据块，可用于存储数据。

数据块可作两种应用：

① 用做一般的数据保存，可以进行读、写操作。

② 用做数据值，可以进行初始化值、加值、减值、读值操作。

4）每个扇区的块3为控制块，包括了密码A、存取控制、密码B。具体结构如图6-27所示。

```
A0 A1 A2 A3 A4 A5   FF 07 80 69   B0 B1 B2 B3 B4 B5
```
密码A（6字节）　　存取控制（4字节）　　密码B（6字节）

图6-27 扇区结构

5）每个扇区的密码和存取控制都是独立的，可以根据实际需要设定各自的密码及存取控制。存取控制为4个字节，共32位，扇区中的每个块（包括数据块和控制块）的存取条件是由密码和存取控制共同决定的。在存取控制中每个块都有相应的3个控制位，定义如下：

块0：	$C1_0$	$C2_0$	$C3_0$
块1：	$C1_1$	$C2_1$	$C3_1$
块2：	$C1_2$	$C2_2$	$C3_2$
块3：	$C1_3$	$C2_3$	$C3_3$

3个控制位以正和反两种形式存在于存取控制字节中，决定了该块的访问权限（如进行减值操作必须验证KEY A，进行加值操作必须验证KEY B，等）。

6）M1卡中每个扇区中的每个块可存储16个字节的内容，即16×8=128bit。

二、RFID主要频段和特性

根据频率的不同，可以将RFID分为低频、高频、超高频及微波RFID，见表6-2。

表6-2 RFID主要频段标准及特性

RFID主要频段标准及特性					
	低频	高频		超高频	微波
工作频率	125~134kHz	13.56MHz	JM13.56MHz	868~915MHz	2.45~5.8GHz
市场占用率	74%	17%	2003引入	6%	3%
读取距离	1.2m	1.2m	1.2m	4m（美国）	15m（美国）
速度	慢	中等	很快	快	很快
潮湿环境	无影响	无影响	无影响	影响较大	影响较大
方向性	无	无	无	部分	有
全球适用频率	是	是	是	部分（欧美）	部分
现有ISO标准	11784/85, 14223	18000-3.1/14443	18000-3/2 15693, A、B和C	EPC C0、C1、C2、G2	18000-4
主要应用范围	进出管理、固定设备、天然气、洗衣店	图书馆、产品跟踪、货架、运输	空运、邮局、医药、烟草	货架、卡车、拖车跟踪	收费站、集装箱

三、RFID电子标签

1. 概述

电子标签又称射频标签、应答器，与阅读器之间通过耦合元件实现射频信号的空间（无接触）耦合；在耦合通道内，根据时序关系，实现能量的传递和数据交换。

Alien 9662电子标签是UHF超高频电子标签，属于远距离电子标签，读取距离一般是5~7m，目前这种电子标签多用在人行无障碍通道统计、门票、物流、仓储管理等领域。

Alien H3电子标签产品基本参数见表6-3。

表6-3 Alien 9662标签的参数

名　　称	RFID电子标签UHF超高频6C不干胶柔性标签Alien 9662标签70mm×18mm	
型　　号	DU9203/ALN—9662	
项　　目	描　　述	备　　注
制造商／芯片	Alien/Higgs3	
基材材质	PET	
天线制作方式	铝蚀刻	
天线尺寸	80（L）mm×20（W）mm	
符合标准	ISO/IEC 18000—6C EPC Class1 Gen2	
存储区 EPC区	96bits	可读可写
存储区 TID区	32bits	可读不可写
存储区 Unique TID区	64bits	可读不可写
存储区 密码区	32bits访问密码 32bits毁灭密码	可读可写
存储区 用户区	512bits	可读可写

（续）

适用载波频率	860～960MHz	
工作模式	无源	
读写距离	<7m/23ft	距离取决于读写器功率和天线大小，读写器天线与标签极化方向一致
使用寿命	写10万次，数据保存10年	
标签尺寸	Dry Inlay 70mm×17mm Wet Inlay 74mm×22mm（标签厚度Inlay平均为0.1～0.2mm）	
储存温度/湿度	-25～50℃/20%～90% RH	
操作温度/湿度	-50～60℃/20%～90% RH	
应用范围	衣服吊牌及包装箱一般性物流或流水线生产，人员考勤等	

Alien 9662电子标签制作参数，见表6-4。

表6-4 电子标签制作参数

尺 寸	85mm×54mm×0.86mm
封装材料	160g铜版纸
重 量	1.85kg±0.05kg/卷　8.13kg±0.20kg/箱
数 量	1000pcs/卷×4卷/箱

Alien 9662电子标签印刷可选的工艺为①油墨打印条码和数字；②单色丝印图片和Logo。

2. Alien H3电子标签的应用

BG-PL-1型RFID标签采用目前最灵敏的Alien H3芯片，具有64位全球唯一ID号，结合商格（BizGridTM）的标签天线设计，可以在低级的功率下提供足够的反射信号，保证在更大的范围上读取标签。BG-PL-1型RFID标签的天线采用缝隙型设计，可以在更多RFID标签叠加时被有效读取，适用于单品级（Item Level）的应用场合。

3. EPC标签存储结构

从逻辑上来说，一个电子标签分为4个存储体，每个存储体可以由一个或一个以上的存储器字组成。其存储逻辑图如图6-28所示。

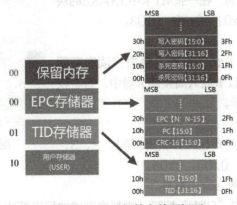

图6-28 EPC标签存储逻辑图

（1）00保留内存

保留内存为电子标签存储密码的部分。包括灭活密码和访问密码。灭活密码和访问密码都为4个字节。

其中：灭活密码的地址为00H～10H（以字为单位，字长16位）；

访问密码的地址为20H～30H。

（2）EPC存储器

EPC存储器用于存储电子标签的EPC号、PC（协议—控制字）以及这部分的CRC—16校验码。

其中：

CRC—16：存储地址为00，共2个字节16位，CRC—16为本存储体中存储内容的CRC校验码。

PC：电子标签的协议—控制字，存储地址为10，共两个字节16位。

EPC号：若干个字，由PC的值来指定。

EPC为识别标签对象的电子产品码。EPC存储在以20H存储地址开始的EPC存储器内，MSB优先。用于存储本电子标签的EPC号，该EPC号的长度在以上PC值中来指定，每类电子标签（不同厂商或不同型号）的EPC号长度可能会不同。用户通过读该存储器内容命令读取EPC号。

（3）TID存储器

该存储器是指电子标签的产品类识别号，每个生产厂商的TID号都会不同。用户可以在该存储区中存储其自身的产品分类数据及产品供应商的信息。一般来说，TID存储区的长度为4个字，即8个字节。但有些电子标签的生产厂商提供的TID区会为2个字或5个字。用户在使用时，须根据自己的需要选用相关厂商的产品。

（4）用户存储器

该存储区用于存储用户自定义的数据。用户可以对该存储区进行读、写操作。该存储器的长度由各个电子标签的生产厂商确定。每个生产厂商提供的电子标签，其用户存储区的长度会不同。存储长度大的电子标签会贵一些。用户应根据自身应用的需要，来选择相关长度的电子标签，以降低标签的成本。

任务实施

制作小区门禁卡，要求为：在一张M1卡中工作区2的块0，第1、2、3字节修改为0x01、0x02、0x03。

步骤一：运行软件

运行"小区门禁系统.exe"软件。单击"读取高频卡"按钮，将制作完成的M1卡放入高频读卡器中，查看软件运行结果，如图6-29所示。

步骤二：制作小区门禁标签纸

1）将一张标签纸中，用户区工作块2的第1、2、3、4字节修改为0x01、0x02、0x03、0x04。

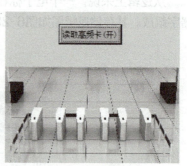

图6-29 运行结果1

2）运行"小区门禁系统.exe"软件。

3）设置COM口，单击"OFF"按钮，将制作完成的标签纸放入中距离一体机，查看运行结果,如图6-30所示。

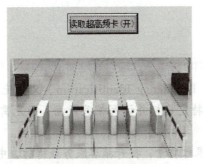

图6-30 运行结果2

任务评价

参照任务完成情况检查表,进行相互检查、评价。

任务完成情况检查表

检查内容	检查结果	满意率		
是否正确读取高频信息并修改相关信息	是□ 否□	100%□	70%□	50%□
是否正确读取超高频标签纸信息并修改相关信息	是□ 否□	100%□	70%□	50%□
是否正确制作门禁卡	是□ 否□	100%□	70%□	50%□
是否正确制作小区门禁标签纸	是□ 否□	100%□	70%□	50%□
完成任务后工具摆放是否整齐	是□ 否□	100%□	70%□	50%□
完成任务后工位及周边的卫生环境是否整洁	是□ 否□	100%□	70%□	50%□

拓展任务:超高频中距离一体机485模式连接

将超高频中距离一体机使用485模式用RS-485转RS-232转换头连接至PC,并绘制连线图,如图6-31所示。

图6-31 连线图

国内首个RFID行李全程跟踪系统启用 让行李"有话可说"

射频识别RFID（Radio Frequency Identification）又称无线射频识别，是一种通信技术，可通过无线电信号识别特定目标并读写相关数据，而无需识别系统与特定目标之间建立机械或光学接触。

为进一步提高行李运输跟踪质量，提升旅客服务获得感，中国东方航空率先在虹桥—武汉航线上投入RFID技术，成为国内首家应用RFID技术进行航班行李全流程跟踪的航司。当旅客托运行李时，工作人员会将行李牌号码、航班号、出发港、到达港、起落时间等信息写入行李牌内嵌的芯片中，当带有芯片信息的行李经过分拣、装机、到达、提取等各个节点时，这些行李数据信息就会被自动采集到后台数据库，从而实现行李运输全流程的准确追踪，提高了行李的安全运输水平。旅客也可以像查快递一样，只需在微信小程序"中国东方航空"中扫描或输入自己的行李牌号码，就能实时了解托运行李是否已经被分拣、装机，还是已经到达。

思考启示

当前，射频识别技术因其优点应用场景相当广阔。RFID技术读取信息快速，可以用于身份证、学生证等电子证件的信息识别；在物流仓储领域可大大提升物流效率，它可对物流中的货物进行数据追踪，自动采集信息数据；RFID还具有难以伪造的特点，可用于一些贵重物品和票证的防伪；它还可以用于安全控制系统中，对档案馆进行及时监控和异常报警，以避免档案被毁、失窃等。

当然RFID同样有着一些缺点。相较于低廉的条码，每个RFID标签成本相对较高；对于一些预先装有电子标签的物品，可能会在不知情的情况下被扫描造成隐私问题；没有一个统一的标准体系也造成了一些推广困难。所以，RFID未来的发展方向应该是建立统一的技术标准，开发合理保护隐私安全的技术，降低成本，这样才能进一步推动RFID技术的应用和发展。

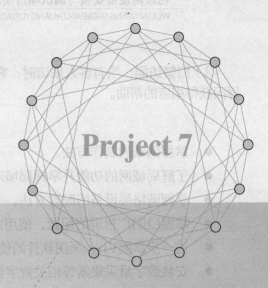

Project 7

项目 7

安装智能家居安防监控系统

项目描述

随着科技的发展,尤其是智能分析技术、网络技术的迅速发展以及人民生活水平的提高,人们开始更加注重家居环境的安全,基于智能化的家居安防监控系统应运而生。利用智能管家系统,用户身处家中或出差在外,可通过手机、计算机等解除门禁;通过远程监控系统,可以实时监控家中各个房间、住宅周边、车房等重点区域的情况。同时,系统还会自动将实时监控的影像通过硬盘录像功能录制下来。

除此之外,智能家居安防监控系统还包含如下几个功能:

1)家居安全防范:当室内的温度高于已设定的值或检测到室内的烟雾浓度偏高或特殊角落有异常动静,系统就会以不同的方式向用户报警。此外,在门禁部分,一旦不法分子连续3次输入密码有误,系统就会自动给用户发送短信并在室内响起一段报警信号。

2)家居状况实施远程监测:温感、烟感、人体热释电等传感器能将采集的数据(数字量)实时显示在LCD液晶显示屏中,让用户随时了解室内的环境状态。用户也可以通过网络在线查看,从而实现远程监控的功能。

3）门禁访问：当有客人来访时，客人可以在门禁处单击LCD液晶显示屏进入客人界面获得相应的帮助。

学习内容

- 掌握网线的制作方法。
- 了解局域网的功能并掌握局域网的搭建方法。
- 掌握网络层设备的配置方法。
- 掌握LED广告屏的配置、使用方法。
- 进一步掌握Visio画图软件的使用方法，完成画图训练。
- 安装数字量采集器等相关数字量设备。
- 正确使用测试软件测试智能家居安防监控系统装置。

任务1　制作网线

任务描述

了解网线的作用；掌握网线水晶头的做法，制作一根可以使用的网线。

任务准备

一、局域网概述

1. 局域网的定义

局域网（Local Area Network，LAN）是在一个局部的地理范围内（如一个学校、工厂和机关内），一般是方圆几平方千米以内，将各种计算机、外部设备和数据库等互相联接起来组成的计算机通信网。它可以通过数据通信网或专用数据电路，与远方的局域网、数据库或处理中心相连接，构成一个较大范围的信息处理系统。局域网可以实现文件管理、应用软件共享、打印机共享、扫描仪共享、工作组内的日程安排、电子邮件和传真通信服务等功能。局域网严格意义上是封闭型的，它可以由办公室内几台甚至成千上万台计算机组成。决定局域网的主要技术要素为：网络拓扑，传输介质与介质访问控制方法。

2. 局域网的组成

局域网由网络硬件（包括网络服务器、网络工作站、网络打印机、网卡、网络互联设备等）、网络传输介质以及网络软件组成。

3. 局域网的特点

局域网一般为一个部门或单位所有，建网、维护以及扩展等较容易，系统灵活性高。其主要特点是：

1）覆盖的地理范围较小，只在一个相对独立的局部范围内联，如一座建筑内或集中的建筑群内。

2）使用专门铺设的传输介质进行联网，数据传输速率高（10Mbit/s～10Gbit/s）。

3）通信延迟时间短，可靠性较高。

4）局域网可以支持多种传输介质。

4. 局域网的分类

局域网的类型很多，若按网络使用的传输介质分类，可分为有线网和无线网；若按网络拓扑结构分类，可分为总线型、星形、环形、树形、混合型等；若按传输介质所使用的访问控制方法分类，又可分为以太网、令牌环网、FDDI网和无线局域网等。其中，以太网是当前应用最普遍的局域网技术。

二、网线的基本概念

1. 概述

网线是连接局域网必不可少的传输介质。在局域网中常见的网线主要有双绞线、同轴电缆、光缆3种。

双绞线（Twisted Pair，TP）是一种综合布线工程中最常用的传输介质，由两根具有绝缘保护层的铜导线组成。把两根绝缘的铜导线按一定密度互相绞在一起，每一根导线在传输中辐射出来的电磁波会被另一根线上发出的电磁波抵消，有效降低信号干扰的程度。

双绞线的分类。按照有无屏蔽层分类，双绞线分为屏蔽双绞线（Shielded Twisted Pair，STP）与非屏蔽双绞线（Unshielded Twisted Pair，UTP）。非屏蔽双绞线是一种数据传输线，由4对不同颜色的传输线所组成，广泛用于以太网路和电话线中。

非屏蔽双绞线电缆具有以下优点：①无屏蔽外套，直径小，节省所占用的空间，成本低；②重量轻，易弯曲，易安装；③将串扰减至最小或加以消除；④具有阻燃性；⑤具有独立性和灵活性，适用于结构化综合布线。因此，在综合布线系统中，非屏蔽双绞线得到了广泛应用。

2. 网线的标准

双绞线端接有两种标准：T568A和T568B，其中T568A标准为：白绿、绿、白橙、蓝、白蓝、橙、白棕、棕。T568B标准为：白橙、橙、白绿、蓝、白蓝、绿、白棕、棕。

双绞线的连接方法也主要有两种：平行（直通）线缆和交叉线缆。交叉线的做法是：一头采用T568A标准，一头采用T568B标准。平行（直通）线的做法是：两头同为T568A标准或T568B标准（一般用到的都是T568B平行线的做法）。

平行线缆的水晶头两端都遵循T568B标准，双绞线的每组线在两端是一一对应的，颜色相同的在两端水晶头的相应槽中保持一致。它主要用在交换机（或集线器）Uplink口连接交换机（或集线器）普通端口或交换机普通端口连接计算机网卡上。而交叉线缆的水晶头一端遵循T568A标准，另一端则采用T568B标准，即A水晶头的1、2线序对应B水晶头的3、6线序，而A水晶头的3、6线序对应B水晶头的1、2线序。它主要用在交换机（或集线器）普通端口连接到交换机（或集线器）普通端口或网卡连网卡上。

在综合布线工程中做水平线端接时，GB 50312接受T568B标准或T568A标准，但不允许同时安装，通常按T568B标准端接。

三、网线的制作

1. 准备工作

准备好若干水晶头，水晶头也称为RJ-45，再准备一把网线钳和网线。

2. 剪取适当长度的网线

使用压线钳的剪线刀口剪取适当长度的网线。

3. 剥皮

用压线钳的剪线刀口将线头剪齐，再将线头放入剥线刀口，让线头角碰到挡板，稍微握紧压线钳慢慢旋转，让刀口划开双绞线的保护胶皮，拔下约2cm长的胶皮，如图7-1所示（注意：剥掉与大拇指一样长就行了）。

图7-1　压线钳操作

> **小贴士**
>
> 网线钳挡位离剥线刀口长度通常恰好为水晶头长度，这样可以有效避免剥线过长或过短。剥线过长一则不美观，二则因网线不能被水晶头卡住，容易松动；剥线过短，因有包皮存在，太厚，不能完全插到水晶头底部，造成水晶头插针不能与网线芯线完好接触，当然也不能制作成功了。

4. 排序

剥除外包皮后即可见到双绞线网线的4对8条芯线，并且可以看到每对芯线的颜色都不同。每对缠绕的两根芯线是由一根全色护套线和一根白色或半色护套线组成。4条全色芯线的颜色为：棕色、橙色、绿色、蓝色。制作网线时必须将4个线对的8条细导线一一拆开，理顺，捋直，然后按照规定的线序排列整齐。将它们按照这样的顺序进行排列：橙白、橙、绿白、蓝、蓝白、绿、棕白、棕。

5. 剪齐

把线尽量抻直（不要缠绕）、压平（不要重叠）、挤紧理顺（朝一个方向紧靠），然后用压线钳把线头剪平齐，如图7-2和图7-3所示。这样，在双绞线插入水晶头后，每条线都能良好接触水晶头中的插针，避免接触不良。如果之前剥的皮过长，则可以在这里将过长的细线剪短，保留的去掉外层绝缘皮的部分约为14mm。这个长度正好能将各细导线插入到各自的线槽。如果该段留得过长，一方面会由于线对不再互绞而增加串扰，另一方面会由于水晶头不能压住护套而可能导致电缆从水晶头中脱出，造成线路的接触不良甚至中断。

图7-2　双绞线排序

图7-3　双绞线剪平齐

6. 插入

排列水晶头8根针脚：将水晶头有塑料弹簧片的一面向下，有针脚的一方向上，使有针脚的一端指向远离自己的方向,有方形孔的一端对着自己,此时,最左边的是第1脚,最右边的是第8脚,其余依此顺序排列。一手以拇指和中指捏住水晶头,使有塑料弹片的一侧向下,针脚一方朝向远离自己的方向,并用食指抵住;另一手捏住双绞线外面的胶皮,缓缓用力将8条导线同时沿RJ-45头内的8个线槽插入,一直插到线槽的顶端,如图7-4所示。

7. 压制

确认所有导线都到位,并透过水晶头检查一遍线序无误后,就可以用压线钳制作RJ-45头了。将RJ-45头从无牙的一侧推入压线钳夹槽后,用力握紧压线钳(如果力气不够大,那么可以使用双手一起压),将突出在外面的针脚全部压入水晶头内,施力之后听到一声轻微的"啪"即可,如图7-5所示。

图7-4 插线　　　　　　　　　　　图7-5 压线

8. 制作另外一端的水晶头

用同样的方法制作另一端水晶头,完成整根网线两端水晶头的制作。

9. 测试

完成水晶头的两端制作后即可用网线测试仪进行测试,如图7-6所示。

图7-6 网线测试仪

将网线两端接入测试的两端,开启测试仪的开关,观察此时测试仪上LED指示灯的亮灭情况。如果测试仪上8个指示灯都依次为绿色闪过,则证明网线制作成功。如果出现任何一个灯为红灯或黄灯,都证明存在断路或者接触不良现象,此时最好先将两端水晶头再用网线钳压一次,然后再次进行测试,如果故障依旧,则再检查一下两端芯线的排列顺序是否一样,如果不一样,随意剪掉一端水晶头重新按另一端芯线排列顺序制作水晶头。如果芯线顺序一样,但测试仪在重测后仍显示红色灯或黄色灯,则表明其中肯定存在对应芯线接触不好。此时只好按照前面步骤再次先剪掉一端按另一端芯线顺序重做一个水晶头了。再测,如果故障消失,则不必重做另一端水晶头,否则还要把原来的另一端水晶头也剪掉重做。直到测试全为绿色指示灯闪过为止。对于制作的方法,不同测试仪上的指示灯亮的顺序也不同。如果是直通线测试仪上的灯，则应该是依次顺序点亮，如果做的是交叉线，那么测试仪的另一端的闪亮顺序应该是3、6、1、4、5、2、7、8。

任务实施

步骤一：准备工具与材料

参照图7-7所示的网络设备及工具，挑选网线、水晶头、压线钳、网线测试仪等，找出本任务要制作网线所需的材料和工具。

图7-7　网络设备及工具

> **想一想**
>
> 压线钳有几种不同的使用功能呢？如何快速、正确完成网线的制作？

步骤二：制作一根平行网线

1）剪取约3m长的网线。使用压线钳的剪线刀口剪取本人2个臂长长度的网线。

2）剥皮。用压线钳的剪线刀口将线头剪齐，再将线头放入剥线刀口，让线头角碰到挡板，稍微握紧压线钳慢慢旋转，让刀口划开双绞线的保护胶皮，拔下胶皮，约2cm的长度。

3）排序。剥除外包皮后，将4个线对的8条细导线一一拆开，理顺，捋直，将它们按照这样的顺序进行排列：橙白、橙、绿白、蓝、蓝白、绿、棕白、棕。

4）剪齐。把线尽量抻直（不要缠绕）、压平（不要重叠）、挤紧理顺（朝一个方向紧靠），然后用压线钳把线头剪平齐。如果以前剥的皮过长，则可以在这里将过长的细线剪短，保留的去掉外层绝缘皮的部分约为14mm，这个长度正好能将各细导线插入到各自的线槽。

5）插入。排列水晶头8根针脚：将水晶头有塑料弹簧片的一面向下，有针脚的一面向上，使有针脚的一端指向远离自己的方向，有方形孔的一端对着自己，此时，最左边的是第1脚，最右边的是第8脚，其余依次顺序排列。一手以拇指和中指捏住水晶头，使有塑料弹片的一侧向下，针脚一方朝向远离自己的方向，并用食指抵住；另一手捏住双绞线外面的胶皮，缓缓用力将8条导线同时沿RJ-45水晶头内的8个线槽插入，一直插到线槽的顶端。

6）压制。确认所有导线都到位并透过水晶头检查一遍线序无误后，就可以用压线钳制作RJ-45头了。将RJ-45头从无牙的一侧推入压线钳夹槽后，用力握紧压线钳（如果力气不够大，那么可以使用双手一起压），将突出在外面的针脚全部压入水晶头内，施力之后听到一声轻微的"啪"即可。

项目7 安装智能家居安防监控系统

7）制作另外一端的水晶头。用同样的方法制作另一端的水晶头,完成整根网线两端水晶头的制作。

步骤三：测试

使用网线测试仪进行测试。将网线两端接入测试的两端,开启测试仪的开关,观察此时测试仪上LED指示灯的亮灭情况。如果测试仪上8个指示灯都依次为绿色闪过,则证明网线制作成功。如果出现任何一个灯为红灯或黄灯,则证明存在断路或者接触不良现象,此时最好先对两端水晶头再用网线钳压一次,再次进行测试。如果故障依旧,则再检查一下两端芯线的排列顺序是否一样。如果不一样,则剪掉一端重新按另一端芯线排列顺序制作水晶头。直到测试成功为止。

操作视频：制作网线	

任务评价

参照任务完成情况检查表,进行相互检查、评价。

任务完成情况检查表

检查内容	检查结果	满意率
是否正确选择工具和材料	是□ 否□	100%□ 70%□ 50%□
是否正确制作双绞线	是□ 否□	100%□ 70%□ 50%□
双绞线制作过程是否符合操作规范	是□ 否□	100%□ 70%□ 50%□
是否掌握网线的正确测试方法	是□ 否□	100%□ 70%□ 50%□

任务2　搭建局域网

任务描述

认知常见网络层设备；正确完成路由器和串口服务器的配置；成功搭建小型局域网。

任务准备

一、网络7层协议

OSI是一个开放性的通信系统互联参考模型。OSI模型有7层结构,如图7-8所示。每层都可以有几个子层。OSI的7层从上到下分别是7应用层、6表示层、5会话层、4传输层、3网络层、2数据链路层、1物理层。其中高层（即7、6、5、4层）定义了应用程序的功能,下面

3层（即3、2、1层）主要面向通过网络的端到端的数据流。

图7-8 网络7层协议

二、物联网的架构

综合国内各权威物联网专家的分析，可以将物联网系统划分为3个层次：感知层、网络层、应用层，并概括地描绘物联网的系统架构，如图7-9所示。

图7-9 物联网架构

感知层解决的是人类世界和物理世界的数据获取问题，被认为是物联网的核心层，主要是物品标识和信息的智能采集。它由基本的感应器件（例如，RFID标签和读写器、各类传感器、摄像头、GPS、二维码标签和识读器等基本标识和传感器件组成）以及感应器组成的网络（例如，RFID网络、传感器网络等）两大部分组成。该层的核心技术包括射频技术、新兴传感技术、无线网络组网技术、现场总线控制技术（FCS）等，涉及的核心产品包括传感器、电子标签、传感器节点、无线路由器、无线网关等。

传输层也被称为网络层，解决的是感知层所获得的数据在一定范围内，通常是长距离的传输问题。主要完成接入和传输功能，是进行信息交换、传递的数据通路，包括接入网与传输网两种。接入网包括光纤接入、无线接入、以太网接入、卫星接入等各类接入方式，实现底层的传感器网络、RFID网络的最后一千米的接入。传输网由公网与专网组成，典型传输网络包括电信网（固网、移动网）、广电网、互联网、电力通信网、专用网（数字集群）。

应用层也可称为处理层，解决的是信息处理和人机界面的问题。网络层传输而来的数据在这一层里进入各类信息系统进行处理，并通过各种设备与人进行交互。处理层由业务支撑平台（中间件平台）、网络管理平台（例如，M2M管理平台）、信息处理平台、信息安全平台、服务支撑平台等组成，完成协同、管理、计算、存储、分析、挖掘以及提供面向行业和大众用户的服务等功能。典型技术包括中间件技术、虚拟技术、云计算服务模式、SOA系统架构方法等。

在各层之间，信息不是单向传递的，可有交互、控制等。所传递的信息多种多样，包括在特定应用系统范围内能唯一标识物品的识别码和物品的静态与动态信息。尽管物联网在智能工业、智能交通、环境保护、公共管理、智能家庭、医疗保健等经济和社会各个领域的应用特点千差万别,但是每个应用的基本架构都包括感知、传输和应用3个层次,各种行业和各种领域的专业应用子网都是基于3层基本架构构建的。

三. 路由器

1. 概述

路由器(Router)是连接互联网中各局域网、广域网的设备。它会根据信道的情况自动选择和设定路由,以最佳路径,按前后顺序发送信号,被视为互联网络的枢纽——"交通警察"。目前路由器已经广泛应用于各行各业,各种不同档次的产品已成为实现各种骨干网内部连接、骨干网间互联和骨干网与互联网互联互通业务的主力军。路由器和交换机之间的主要区别就是交换机发生在OSI参考模型第二层(数据链路层),而路由器发生在第三层,即网络层。这一区别决定了路由器和交换机在移动信息的过程中需使用不同的控制信息即两者实现各自功能的方式是不同的。常见的路由器如图7-10所示。

路由器(Router)又称网关设备(Gateway),用于连接多个逻辑上分开的网络。所谓逻辑网络是代表一个单独的网络或者一个子网。当数据从一个子网传输到另一个子网时,可通过路由器的路由功能来完成。因此,路由器具有判断网络地址和选择IP路径的功能。它能在多网络互联环境中,建立灵活的连接,可用完全不同的数据分组和介质访问方法连接各种子网。路由器只接受源站或其他路由器的信息,属网络层的一种互联设备。

图7-10 常见的路由器

2. 结构

常见的路由器有如下几个外部结构。

电源接口(Power):接口连接电源。

复位键(Reset):此按键可以还原路由器的出厂设置。

交换机或者猫(Modem)与路由器连接口(WAN):此接口用一条网线与家用宽带调制解调器(或者与交换机)进行连接。

计算机与路由器连接口(LAN1~4):此接口用一条网线把计算机与路由器进行连接。

需注意的是:WAN口与LAN口一定不能接反。

家用无线路由器和有线路由器的IP地址根据品牌不同,主要有192.168.1.1和192.168.0.1两种。

IP地址与登录名称与密码一般标注在路由器的底部。

有的无线路由器的出厂默认登录账户:admin,登录密码:admin。

有的无线路由器的出厂默认登录账户：admin，登录密码：空。

3. 路由器的作用

（1）连接不同的网络

从过滤网络流量的角度来看，路由器的作用与交换机和网桥非常相似。但是路由器工作在网络物理层，与从物理上划分网段的交换机不同，路由器使用专门的软件协议从逻辑上对整个网络进行划分。例如，一台支持IP的路由器可以把网络划分成多个子网段，只有指向特殊IP地址的网络流量才可以通过路由器。对于每一个接收到的数据包，路由器都会重新计算其校验值，并写入新的物理地址。因此，使用路由器转发和过滤数据的速度往往要比只查看数据包物理地址的交换机慢。但是，对于那些结构复杂的网络，使用路由器可以提高网络的整体效率。路由器的另外一个明显优势就是可以自动过滤网络广播。总体上说，在网络中添加路由器的整个安装过程要比即插即用的交换机复杂很多。

（2）信息传输

所谓"路由"，是指把数据从一个地方传送到另一个地方的行为和动作，而路由器正是执行这种行为动作的机器。它的英文名称为Router，是一种连接多个网络或网段的网络设备，它能将不同网络或网段之间的数据信息进行"翻译"，使它们能够相互"读懂"对方的数据，从而构成一个更大的网络。

路由器是一种多端口设备，它可以连接不同传输速率并运行于各种环境的局域网和广域网，也可以采用不同的协议。有的路由器仅支持单一协议，但大部分路由器可以支持多种协议的传输，即多协议路由器。路由器的主要工作就是为经过路由器的每个数据帧寻找一条最佳传输路径，并将该数据有效地传送到目的站点。路由器属于OSI模型的第三层——网络层，指导从一个网段到另一个网段的数据传输，也能指导从一种网络向另一种网络的数据传输。

4. 路由器的种类

按照路由器的功能，可以将路由器分为宽带路由器、模块化路由器、非模块化路由器、虚拟路由器、核心路由器、无线网络路由器等。

宽带路由器是近几年来新兴的一种网络产品。它伴随着宽带的普及应运而生。宽带路由器在一个紧凑的箱子中集成了路由器、防火墙、带宽控制和管理等功能，具备快速转发能力，灵活的网络管理和丰富的网络状态等特点。多数宽带路由器针对中国宽带应用优化设计，可满足不同的网络流量环境，具备满足良好的电网适应性和网络兼容性。多数宽带路由器采用高度集成设计，集成10/100Mbit/s宽带以太网WAN接口并内置多口10/100Mbit/s自适应交换机，方便多台机器连接内部网络与Internet，可以广泛应用于家庭、学校、办公室、网吧、小区接入、政府、企业等场所。

无线网络路由器（例如，D-LINK、TP-LINK、TENDA等）是一种用来连接有线和无线网络的通信设备。它可以通过Wi-Fi技术收发无线信号来与个人数码助理和笔记本式计算机等设备通信。无线网络路由器可以在不设电缆的情况下，方便地建立一个网络。

但是，一般在户外通过无线网络进行数据传输时，它的速度可能会受到天气的影响。其他无线网络还包括了红外线、蓝牙及微波等。

四、串口服务器

1. 概述

串口服务器提供串口转网络的功能，能够将RS-232/485/422串口转换成TCP/IP网络接口，实现RS-232/485/422串口与TCP/IP网络接口的数据双向透明传输。使得串口设备能够立即具备TCP/IP网络接口功能，连接网络进行数据通信，极大地扩展串口设备的通信距离。常见的串口服务器如图7-11所示。

图7-11　常见的串口服务器

2. 由来

对于串口服务器，两个关键词是串口和网络。网络分为内网和外网两种，内网一般指以太网，外网指Internet，它是进行全球范围内通信的有效手段。在网络盛行之前，设备与计算机之间一般通过RS-232来实现数据的交换；如果需要远距离传输也可以采用RS-485（最长1000多米）。

随着网络和现代信息技术的发展，对设备的几种需求逐渐凸显出来。

1）某些应用需要对分布于世界各地的设备进行远距离监控。

2）机房监控、自助银行系统通信、办公楼自动控制系统等应用中已经有完整的网络布线，可利用这些已有的网络设施实现设备的通信。

3）对于RS-232接口，PC的一个串口只能够接一台串口设备，如果需要连接多个设备，原来的串口方案将不易于扩展，而网络则没有该问题。

由于以上原因，需要将设备连接到网络上。但是已经有成千上万的原有串口设备存在，而对这些设备的大批量改造显然不是一朝一夕可以完成的，于是作为暂时的解决方案——将串口转化为网口的串口联网服务器就应运而生了。

3. 工作方式

1）TCP/UDP通信模式：在该模式下，串口服务器成对使用，一个作为服务器端，一个作为客户端。两者之间通过IP地址与端口号建立连接，实现数据双向透明传输。该模式适用于将两个串口设备之间的总线连接改造为TCP/IP网络连接。

2）使用虚拟串口通信模式：该模式下，一个或者多个转换器与一台计算机建立连接，支持数据的双向透明传输。由计算机上的虚拟串口软件管理下面的转换器，可以实现一个虚拟串口对应多个转换器，N个虚拟串口对应M个转换器（N<=M）。该模式适用于串口设备由计算机控制的485总线或者232设备连接。

3）基于网络通信模式：该模式下，计算机上的应用程序基于Socket协议编写了通信程序，在转换器设置上直接选择支持Socket协议即可。

4. 应用领域

串口服务器的应用领域很广，主要应用在门禁系统、考勤系统、售贩系统、POS系统、楼宇自控系统、自助银行系统、电信机房监控、电力监控等。

任务实施

一、虚拟仿真实现智能家居安防监控功能

使用"物联网云仿真实训台"软件,完成智能家居安防监控系统的搭建。

步骤一:设备选型

该任务中用到的部分设备之前未使用过,包括红外(子)传感器、红外(主)传感器、串口服务器、LED显示屏、无线路由器,如图7-12所示。

步骤二:线路连接

对照图7-13实现智能家居硬件连接。

步骤三:功能测试

单击"模拟实验"按钮,测试连接状态是否正常、功能是否正常。

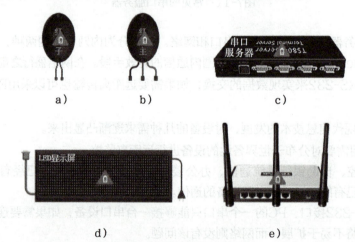

图7-12 物联网设备
a)有线传感器/红外(子) b)有线传感器/红外(主) c)采集器/网关/串口服务器
d)LED显示屏 e)采集器/网关/无线路由器

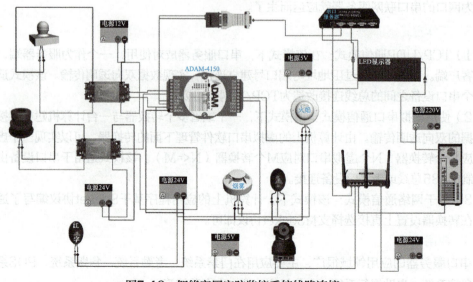

图7-13 智能家居安防监控系统线路连接

二、真实环境下实现智能家居安防监控功能

步骤一：设备选型

参照图7-14所示的物联网设备，认识物联网网络层设备、挑选路由器、串口服务器。逐一说出设备的名称，并找出属于物联网网络层的设备，最后挑出本任务要安装的路由器和串口服务器，并进行外观检查。观察路由器和串口服务器外观是否有损坏。

图7-14　物联网相关网络层设备

步骤二：安装与配置路由器

（1）重置路由器

1）选择路由器的适配器。

2）将适配器接入路由器电源口。

3）将适配器插入220V电源。

4）接入电源后长按路由器中的Reset按钮（约20s），复位路由器。此时电源灯闪烁表示路由器开始复位。

5）将计算机的IP设置在192.168.0网段中，使用浏览器打开"http://192.168.0.1/"地址，如果成功显示则表示路由器工作正常。

（2）安装路由器

先用M3×14螺钉将亚克力板安装到路由器背面，注意要加垫片，如图7-15a所示。接着在设备台子背面用M3螺母（注意加不锈钢垫片）将路由器固定在工位架子上，如图7-15b所示。最后，连接路由器的电源适配器，为路由器供电。

a)　　　　　　　　　　　　b)

图7-15　路由器安装示意图

（3）重新配置路由器

1）打开浏览器，输入192.168.0.1，用户名:admin，密码：空。进入路由器配置画面。

2）配置路由器的IP地址，如图7-16所示。

3）配置路由器无线网络名称、无线加密方式。路由器配置如图7-17所示。例如，"无

线网络名"名为"newland55","网络密钥"为"123456789"。

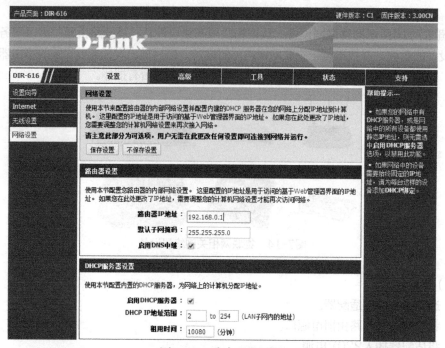

图7-16 路由器配置图

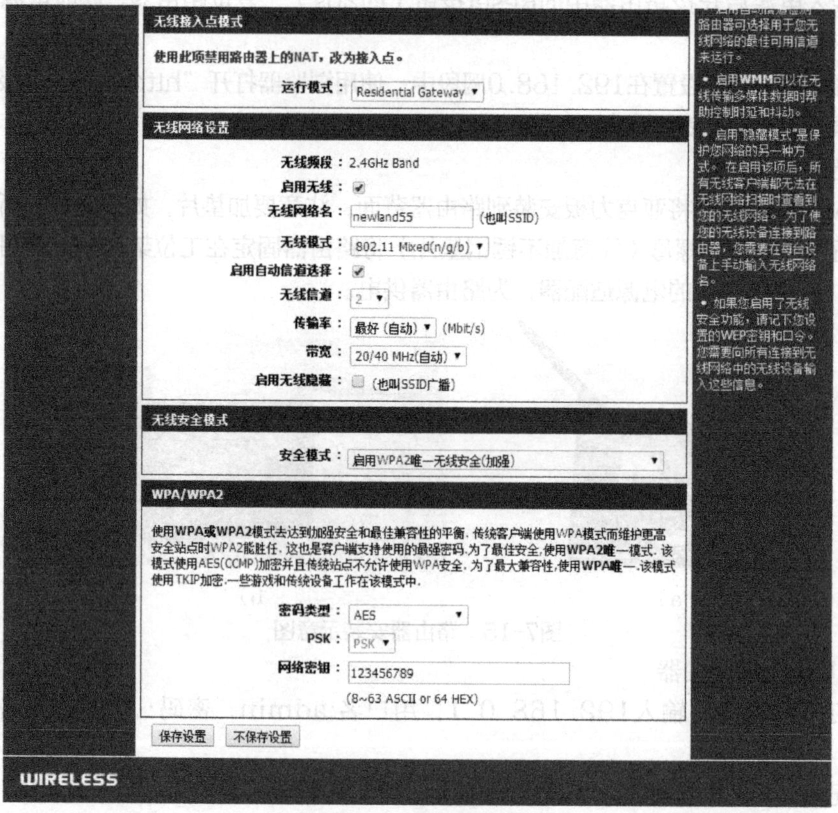

图7-17 路由器配置图

4）设置主机IP地址，如图7-18所示。参考表7-1，修改主机的IP地址。

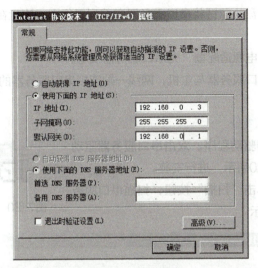

图7-18　IP配置图

5）参考表7-1，用网线将串口服务器、服务器PC、客户机PC连接到路由器的LAN接口。

表7-1　路由器连接

路由器		
序　号	设　备	LAN端口
1	串口服务器	LAN0
2	服务器PC	LAN1
3	客户机PC	LAN2

6）参考表7-2，设置局域网各设备的IP。

表7-2　局域网各设备的IP

IP分配表		
序　号	设　备	IP地址
1	路由器	192.168.0.1
2	串口服务器	192.168.0.2
3	服务器PC	192.168.0.3
4	客户机PC	192.168.0.4

7）使用手机测试是否能正确连接Wi-Fi。

三、安装并配置串口服务器

1. 外观检查

观察串口服务器外观是否有破损，电源适配器的导线是否有破损等。实物图如图7-19所示。

图7-19　串口服务器实物图

步骤一：安装串口服务器

1）用M4×16十字盘头螺钉将串口服务器安装到工位上，注意在设备台子背面加不锈钢垫片（M4×10×1）。

2）连接串口服务器电源适配器，为串口服务器供电。

3）使用网线连接串口服务器与主机，网线一端连接串口服务器的Ethernet端口，另一端连接主机的网线接口。

步骤二：配置串口服务器

1）安装串口服务器驱动程序。双击串口服务器驱动软件"vser"，如图7-20所示，进行安装。

2）安装后运行，单击"扫描"按钮，扫描串口服务器IP地址，如图7-21所示。

 vser

图7-20　串口服务器驱动程序

图7-21　串口服务器驱动程序界面

3）配置临时IP（一般和主机IP在同一个网段，以确保计算机能访问的到），如图7-22所示。所设置的IP参考表7-2。

4）访问刚才配置的串口服务器IP，并检查相关配置是否正常，如图7-23所示。

5）使用网线连接串口服务器与路由器，网线一端连接串口服务器的Ethernet端口，另一端连接路由器的LAN0端口。

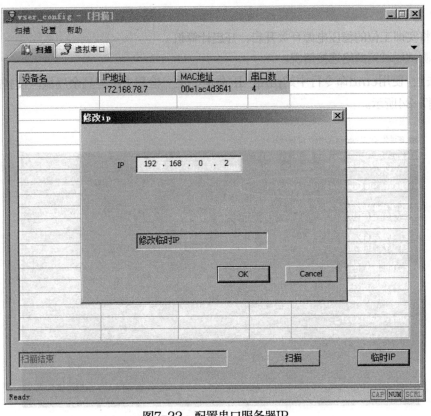

图7-22 配置串口服务器IP

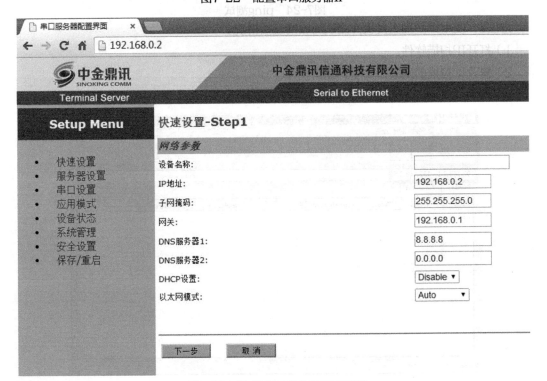

图7-23 检查串口服务器相关配置

步骤三：通电测试局域网网络连接情况

1）将实训工位的稳压电源开关开启，开启计算机。

2）测试局域网网络连接情况。

方法1：使用cmd命令行中的ping IP命令，逐一检测主机与其余局域网设备的连接情况，如图7-24所示。

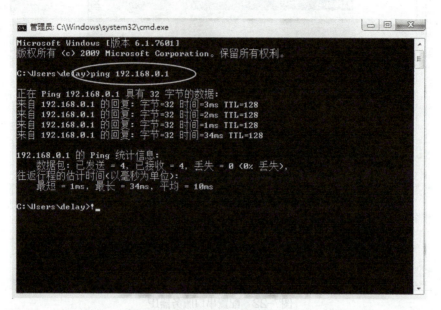

图7-24 ping测试

方法2：使用IP扫描工具软件测试局域网连接情况。

1）打开IP扫描软件。

2）修改IP扫描的网段，如图7-25所示。

3）单击"Scan"按钮，开始扫描局域网连接情况。

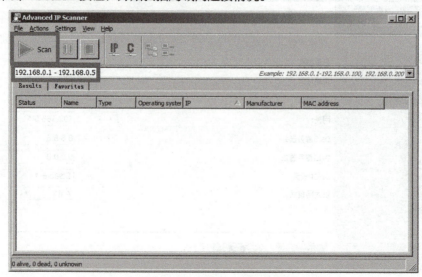

图7-25 IP扫描软件使用界面

操作视频：搭建局域网	

任务评价

参照任务完成情况检查表，进行相互检查、评价。

任务完成情况检查表

检查内容	检查结果	满意率		
是否正确认识常用网络层设备	是□ 否□	100%□	70%□	50%□
路由器安装是否牢固	是□ 否□	100%□	70%□	50%□
串口服务器安装是否牢固	是□ 否□	100%□	70%□	50%□
是否正确配置路由器	是□ 否□	100%□	70%□	50%□
是否正确配置串口服务器	是□ 否□	100%□	70%□	50%□
是否正确完成局域网的搭建	是□ 否□	100%□	70%□	50%□
完成任务后工具摆放是否整齐	是□ 否□	100%□	70%□	50%□
完成任务后工位及周边的卫生环境是否整洁	是□ 否□	100%□	70%□	50%□

任务3 配置网络层设备

任务描述

进一步认知物联网网络层设备；正确配置路由器并开启Wi-Fi模式；正确配置网络摄像头，使用摄像头拍照、定期拍摄视频、同时上传至FTP服务器中。

任务准备

一、网络摄像头

1. 概述

网络摄像头简称WebCAM，英文全称为Web Camera，是传统摄像机与网络视频技术相结合的新一代产品。除了具备一般传统摄像机所有的图像捕捉功能外，机内还内置了数字化压缩控制器和基于Web的操作系统，使得视频数据经压缩加密后，通过局域网、Internet或无线网络送至终端用户。而远端用户可在PC上使用标准的网络浏览器，根据网络摄像机的IP地址，对网络摄像机进行访问，通过控制摄像机的云台和镜头，进行全方位、实时监控。同时可对图像资料实时编辑和存储。

观察物联网实训设备中的网络摄像头外观是否有破损，天线等端子是否损坏等情况。设备外观如图7-26所示。

图7-26 网络摄像头外观

2. 高清网络摄像头的功能检测

测试项目：检验摄像头录像效果，确保摄像头的功能可以满足产品的需求。

测试方法：

1）使用摄像头距离测试卡，可测距离为80～100cm。

2）将待测试的摄像头装上后开机，连接计算机，弹出PC Camera。

3）打开测试软件AMCap.exe，设置图像大小为640px×480px。

设置方法：执行"Options"→"Video Capture Pin…"→"输出大小"命令，选择640px×480px，单击"确定"按钮，如图7-27所示。

图7-27 视频捕捉设置

合格的效果：画面线条清晰，能看清楚300线，上下左右4个角的图形中间有轻微水波纹闪动，如图7-28所示。测试标准见表7-3。

说明：测试时摄像头软件必须为新版软件，即V2.1或者更高级版本。

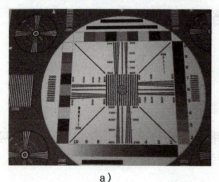
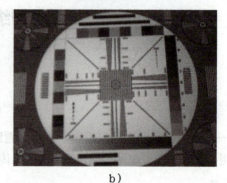

a) b)

图7-28 合格的效果

a）清晰效果图 b）模糊效果图

表7-3 网络摄像头测试标准

摄像头像素/万	到测试卡的距离	最低要求（看清楚线）	测试卡大小/cm
30	60cm	250	70×55
130	80～90cm	280	70×55
200	120cm	300	70×55
300	150cm	—	70×55

任务实施

步骤一：挑选网络摄像头

参照图7-29所示的几件物联网传感器，找出本任务要安装的网络摄像头，并进行外观检查。观察高清网络摄像头、路由器的品牌是否符合元件清单的要求，外观是否有破损，有没有明显已经被使用过的痕迹，网络接口、电源适配器是否缺失等。

图7-29　物联网相关设备

步骤二：配置无线路由器

配置路由器无线网络名称、无线加密方式。例如，Wi-Fi名字为newland55，密码为123456789。可参考任务2的相关操作内容。参考表7-4，设置局域网各设备的IP。

表7-4　设备IP分配

序号	设备	IP地址
	IP分配表	
1	路由器	192.168.0.1
2	串口服务器	192.168.0.2
3	服务器PC	192.168.0.3
4	客户机PC	192.168.0.4

Wi-Fi设置成功后，使用手机测试是否能正确连接Wi-Fi。

步骤三：配置网络摄像头

在计算机上安装监控摄像头配套软件，安装摄像头驱动程序和插件，如图7-30所示。在配置管理页面下通过软件的"设备搜索"查找到摄像头的IP。如果需要修改摄像头的网段，则进入摄像头IP修改页面进行修改，重启摄像头，然后在视频浏览页面查看添加的摄像头，双击打开视频。

图7-30　网络摄像头插件安装

把网线接入摄像头，通上电源，并单击重置按钮重置摄像头。打开安装好的驱动程序软件，如图7-31所示。

单击"刷新"按钮，如图7-32所示。

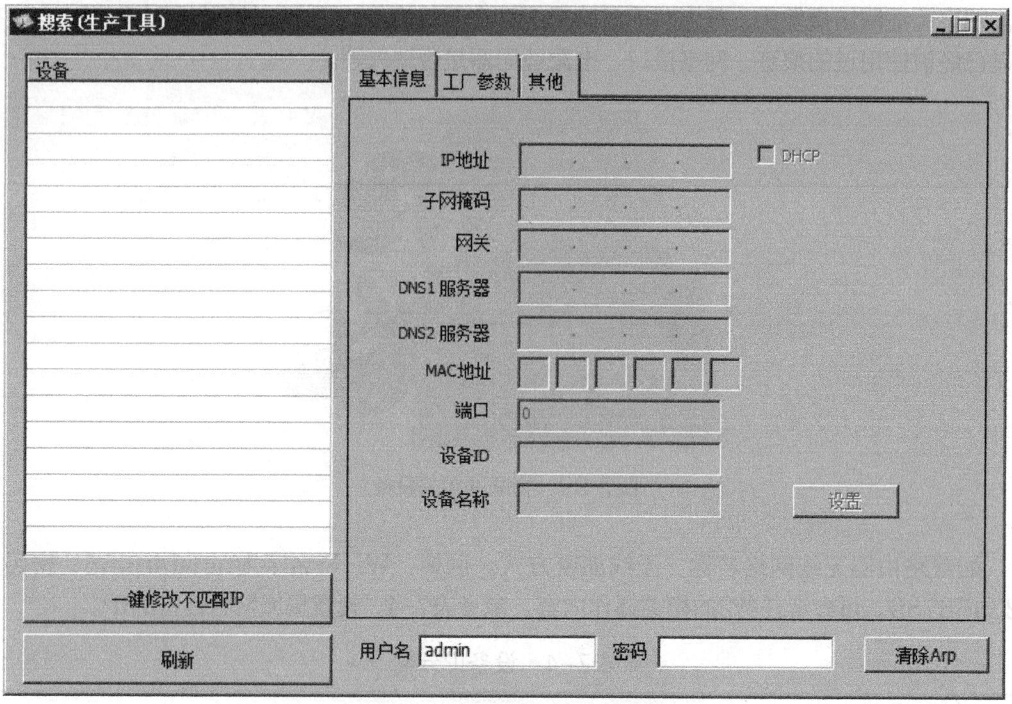

图7-31 网络摄像头IP扫描工具

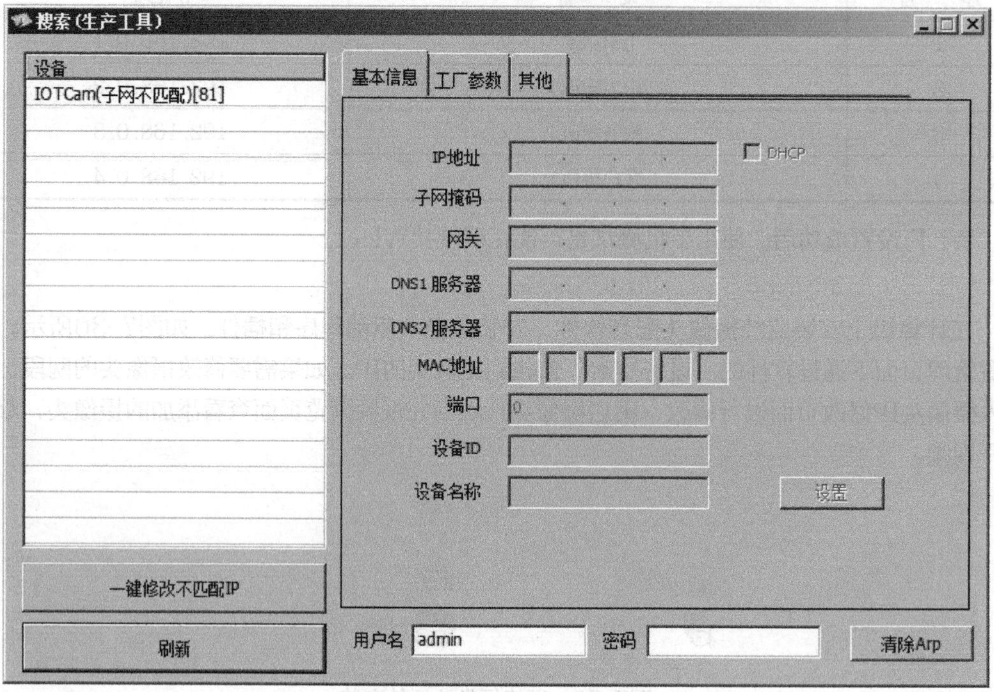

图7-32 IOT Cam设备

设置摄像头的IP地址与端口,如图7-33所示。

稍微等待几分钟后,打开浏览器,访问 http://192.168.55.6/,用户名为admin,密码为空,选择语言为"简体中文",如图7-34所示。

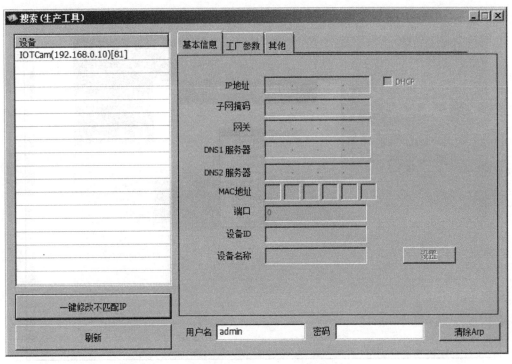

图7-33 IOT Cam IP设置

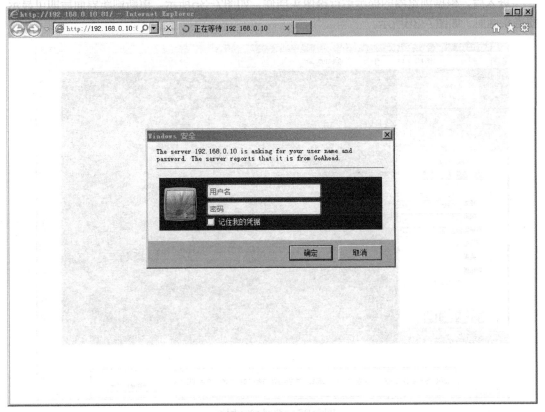

图7-34 语言选择

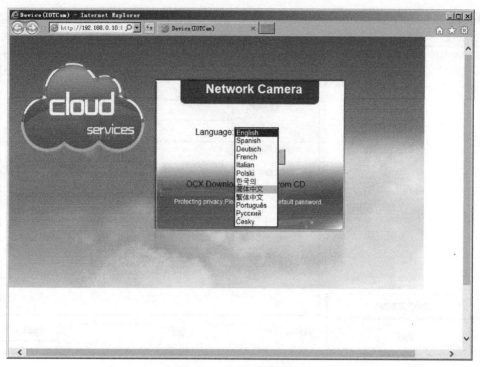

图7-34 语言选择（续）

进入后，根据浏览器的提示运行摄像头插件，如图7-35所示。重新刷新界面后即可显示摄像头画面，如图7-36所示。

图7-35 登录成功界面

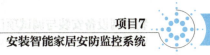

项目7 安装智能家居安防监控系统

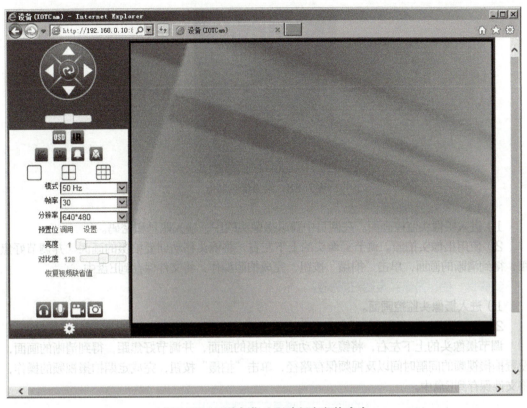

图7-36 网络摄像头驱动程序安装成功

在网络摄像头的配置页面中,选择Wi-Fi连接模式,输入Wi-Fi名称和密码,配置完后重启摄像头。

步骤四:网络摄像头安装与布线

1)用M4×16十字盘头螺钉将摄像头的底座安装到设备台子上,注意在设备台子背面加不锈钢垫片(M4×10×1),如图7-37所示。

图7-37 摄像头底座安装

2)将摄像头安装到摄像头的底座上。

3)给摄像头通电,将摄像头的电源适配器接入摄像头的电源接口,如图7-38所示。

图7-38 给摄像头通电

步骤五：使用摄像头拍照

1）进入摄像头监控画面。在网页中登录摄像头的IP，输入账号和密码。

2）使用摄像头拍照。调节摄像头的上下左右，将镜头移动到要拍摄的画面，并调节好焦距，得到清晰的画面，单击"拍摄"按钮，完成拍照操作，将文件保存到E盘中。

步骤六：使用摄像头定期拍摄视频

1）进入摄像头监控画面。

2）使用摄像头定期拍摄视频。

调节摄像头的上下左右，将镜头移动到要拍摄的画面，并调节好焦距，得到清晰的画面，设置拍摄视频的间隔时间以及视频保存路径，单击"拍摄"按钮，完成定期拍摄视频的操作，将文件保存到E盘中。

步骤七：上传摄像头拍摄的照片和视频至FTP服务器中

1）打开E盘文件，找到上述操作之后保存的图片和视频。

2）复制图片和视频。

3）打开FTP服务器，输入账号和密码，进入文件夹后，粘贴到FTP文件中。

操作视频：配置网络层设备	

任务评价

参照任务完成情况检查表，进行相互检查、评价。

任务完成情况检查表

检查内容	检查结果	满意率		
是否正确认识常用网络层设备	是□ 否□	100%□	70%□	50%□
路由器安装是否牢固	是□ 否□	100%□	70%□	50%□
摄像头安装是否牢固	是□ 否□	100%□	70%□	50%□
是否正确完成局域网的搭建	是□ 否□	100%□	70%□	50%□
是否正确配置摄像头	是□ 否□	100%□	70%□	50%□
是否正确搭建FTP服务器	是□ 否□	100%□	70%□	50%□
完成任务后工具摆放是否整齐	是□ 否□	100%□	70%□	50%□
完成任务后工位及周边的卫生环境是否整洁	是□ 否□	100%□	70%□	50%□

智能锁：方便中带有风险

"如果你有智能门锁，你就不必整天携带机械钥匙或是将钥匙插入锁孔再旋转来打开门锁。如果你正好出门在外时有访客或家庭保姆，则可以非常方便地为访客发送唯一的开锁密码，并可设置有效期。此外，如果你担心持有钥匙的人（如以前的业主）可能试图进入你的房屋，你可以简单地更改密码而不是更换锁。如果你有其他智能家居设备，也可以连接它们，例如，当你解锁门时，你的智能灯就会亮起。"Coffeeble的创始人兼技术专家Thomas Fultz说。

但是，智能锁也有一些缺点。虽然一些智能门锁消除了撬锁的风险，但它们可能容易受到黑客（绕过开门密码）的攻击。从积极的方面来说，如果未经授权的用户访问了设备，系统可能会提醒你（或警察）。还有一点，智能门锁与传统锁不同，是由电池供电的设备，电池会有耗尽的一天。你必须保持警惕并更换电池，避免电量耗尽无法开锁（当然，现在的智能锁基本配备了应急电源，可以用充电宝应急开锁，但是可能当时找不到充电宝，机械钥匙也放在家里，造成不便）。智能门锁比传统的锁匙系统更贵，需要聘请专业人员来安装锁并将其连接到蓝牙和WiFi。如果智能门锁坏了，修理起来可能会很昂贵。

思考启示

智能家居行业发展之初，各大企业为抢占市场，专注于产品的快速开发迭代，更多追求功能的酷炫，而忽视产品安全性。由于企业对于信息安全的投入相对滞后，安全防护机制建设不完善，埋下了大量的安全隐患。以智能门锁为例，它作为智能家居中的一件高频使用设备，是创建生态家居不可或缺的关键一环，但安全问题也不容忽视。当前，智能门锁的售后服务不完善也是阻碍其进一步开拓民用市场的重要原因之一。作为消费者，应在购买时全面了解智能门锁的用法、用处和注意事项，不跟风、不冲动，同时各大厂商应做好产品的售后保障服务，智能门锁才有可能"C位出道"，智能安防才能够为更多百姓带来切实的保障。

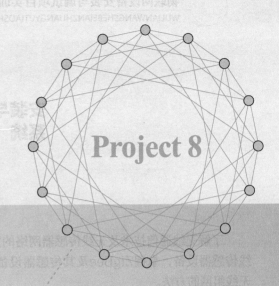

项目 8
模拟智慧农业无线采集系统

项目描述

智能农业通过部署湿度、光照度、二氧化碳传感器,采用无线ZigBee技术采集传输各传感器的数据至系统平台,系统根据设定的参数标准,控制空调、灌溉等设备的开关,从而实现农业大棚的智能化应用。

学习内容

- 理解无线通信技术及无线传感器网络的定义。
- 掌握ZigBee程序的下载方法。
- 掌握ZigBee组网设备的配置方法。
- 安装ZigBee采集设备、执行设备等相关设备。
- 正确使用无线采集器软件测试智慧农业智慧系统。

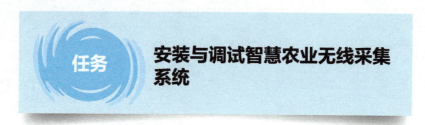

任务　安装与调试智慧农业无线采集系统

任务描述

了解无线通信技术及无线传感器网络的定义，认知相关ZigBee设备；通过安装与调试无线传感器设备，掌握ZigBee及其传感器设备的安装方法；掌握ZigBee程序的下载及ZigBee无线组网的方法。

任务准备

一、无线传感器网络概述

1. 定义

无线传感器网络（Wireless Sensor Network，WSN）是一种全新的信息获取和处理技术，是集微机电技术、传感器技术和无线通信技术为一体的技术。而无线通信技术是无线传感器网络的支撑技术之一。传感器网络实现了数据的采集、传输和处理3种功能。它与通信技术和计算机技术共同构成信息技术的3大支柱。

2. 组成

无线传感器网络由部署在监测区域内大量的廉价微型传感器节点组成，通过无线通信方式形成一个多跳的自组织的网络系统。其目的是协作地感知、采集和处理网络覆盖区域中被感知对象的信息，并发送给观察者。传感器、感知对象和观察者构成了无线传感器网络的3个要素。

3. 无线传感器网络的应用领域

无线传感器网络具有众多类型的传感器，可探测包括地震、电磁波、温度、湿度、噪声、光照度、压力、土壤成分、移动物体的大小、速度和方向等周边环境中多种多样的信息。潜在的应用领域可以归纳为：军事、航空、防爆、救灾、环境、医疗、保健、家居、工业、商业等。

相较有线传感器成本较高且监测数据实现起来相对困难的问题，无线传感器可以长期放置在荒芜地区，用于监测环境变量，省去了重新充电再放回去的麻烦。

4. WSN网络构成

WSN网络构成如图8-1所示。通常分为如下几个部分。

（1）物理层

物理层定义了WSN中的接收器Sink Node间的通信物理参数，使用哪个频段，使用何种信号调制解调方式等。

（2）MAC层

MAC层定义了各节点的初始化，通过收发beacon、request、associate等消息完成自

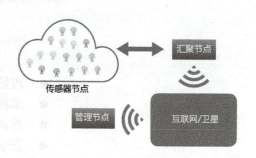

图8-1　WSN网络构成

身网络的定义,同时定义MAC帧的调试策略,避免多个收发节点间的通信冲突。

(3)网络层

网络层完成逻辑路由信息的采集,使收发的网络包裹能够按照不同的策略使用最优化路径到达目标节点。

(4)传输层

传输层提供包裹传输的可靠性,为应用层提供入口。

(5)应用层

应用层最终将收集后的节点信息整合处理,满足不同应用程序计算的需要。

5. 短距离无线通信技术

随着通信技术的发展,出现了许多短距离无线通信技术,而它们往往带有自己的通信协议,不同的通信协议有着不同的应用。目前最常见的短距离无线通信技术有IrDA/红外、蓝牙、Wi-Fi(802.11标准)和ZigBee技术。

二、ZigBee技术的基本概念

1. 概述

ZigBee是基于IEEE 802.15.4标准的低功耗局域网协议。根据国际标准规定,ZigBee技术是一种短距离、低功耗的无线通信技术。这一名称(又称紫蜂协议)来源于蜜蜂的八字舞。蜜蜂(Bee)靠飞翔和"嗡嗡"(Zig)地抖动翅膀的"舞蹈"来与同伴传递花粉所在的方位信息,由此构成了群体中的通信网络。

2. 特点

ZigBee技术的特点是近距离、低复杂度、自组织、低功耗、低数据速率。

(1)低功耗

在低耗电待机模式下,2节5号干电池可支持1个节点工作6~24个月,甚至更长。这是ZigBee的突出优势。相比较,蓝牙能工作数周、Wi-Fi可工作数小时。

(2)低成本

通过大幅简化协议(不到蓝牙的1/10),降低了对通信控制器的要求。按预测分析,以8051的8位微控制器测算,全功能的主节点需要32KB代码,子功能节点少至4KB代码,而且ZigBee免协议专利费。每块芯片的价格大约为2美元。

(3)低速率

ZigBee工作在20~250kbit/s的速率,分别提供250kbit/s(2.4GHz)、40kbit/s(915MHz)和20kbit/s(868MHz)的原始数据吞吐率,满足低速率传输数据的应用需求。

(4)近距离

传输范围一般介于10~100m之间,在增加发射功率后,亦可增加到1~3km。这指的是相邻节点间的距离。如果通过路由器和节点间通信的接力,传输距离将可以更远。

(5)短时延

ZigBee的响应速度较快,一般从睡眠转入工作状态只需15ms,节点连接进入网络只需30ms,进一步节省了电能。相比较,蓝牙需要3~10s,Wi-Fi需要3s。

(6)高容量

ZigBee可采用星形、片状和网状网络结构,由一个主节点管理若干个子节点,最多一个主节点可管理254个子节点;同时主节点还可由上一层网络节点管理,最多可组成有65 000个节点的大网。

（7）高安全性

ZigBee提供了三级安全模式，包括无安全设定、使用访问控制清单（Access Control List, ACL）防止非法获取数据以及采用高级加密标准（AES 128）的对称密码，以灵活确定其安全属性。

（8）免执照频段

使用工业科学医疗（ISM）频段、915MHz（美国）、868MHz（欧洲）、2.4GHz（全球）。

它主要适合用于自动控制和远程控制领域，可以嵌入各种设备。简而言之，ZigBee就是一种便宜的，低功耗的近距离无线组网通信技术。ZigBee是一种低速短距离传输的无线网络协议。ZigBee协议从下到上分别为物理层（PHY）、媒体访问控制层（MAC）、传输层（TL）、网络层（NWK）、应用层（APL）等。其中物理层和媒体访问控制层遵循IEEE 802.15.4标准的规定。

3. ZigBee技术的应用

ZigBee作为一种新兴的短距离、低速率的无线通信技术，得到了越来越广泛的关注和应用，市场上也出现了大量与ZigBee相关的各种产品，如图8-2所示。ZigBee技术在工业、农业和商业领域、个人健康监护领域、玩具和游戏领域、家庭自动化领域、PC的外围设备、消费电子等领域有大量的应用。

图8-2 ZigBee技术的应用

三、ZigBee网络的拓扑结构

ZigBee技术在传感器网络等领域应用非常广泛，这得益于它强大的组网能力，可以形成星形、树形和网状网3种ZigBee网络。3种ZigBee网络结构各有优势，可以根据实际项目的需要来选择合适的ZigBee网络结构。

1. 星形拓扑

星形拓扑是目标最简单的一种拓扑形式。它包含一个Co-ordinator（协调者）节点和一系列的End Device（终端）节点。每一个End Device节点只能和Co-ordinator节点进行通信。如果需要在两个End Device节点之间进行通信必须通过Co-ordinator节点进行信息的转发。星形网络的拓扑结构如图8-3所示。

这种拓扑结构的缺点是节点之间的数据路由只有唯

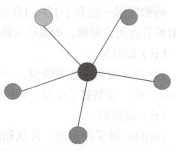

图8-3 星形网络结构

一的路径。Co-ordinator（协调者）有可能成为整个网络的瓶颈。实现星形网络拓扑不需要使用ZigBee的网络层协议，因为本身IEEE 802.15.4的协议层就已经实现了星形拓扑形式，但是这需要开发者在应用层做更多的工作，包括自己处理信息的转发。

2. 树形拓扑

树形拓扑包括一个Co-ordinator（协调者）以及一系列的Router（路由器）和End Device（终端）节点。Co-ordinator连接一系列的Router和End Device，它的子节点的Router也可以连接一系列的Router和End Device。这样可以重复多个层级。树形拓扑的结构如图8-4所示。

3. Mesh拓扑（网状拓扑）

Mesh拓扑（网状拓扑）包含一个Co-ordinator和一系列的Router和End Device。这种网络拓扑形式和树形拓扑相同，可参考上面所提到的树形网络拓扑。但是，网状网络拓扑具有更加灵活的信息路由规则，在可能的情况下，路由节点之间可以直接通信。这种路由机制使得信息的通信变得更有效率。而且这意味着一旦一个路由路径出现了问题，信息可以自动地沿着其他路由路径进行传输。网状拓扑的示意图如图8-5所示。

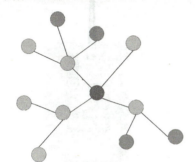
图8-4 树形网络结构

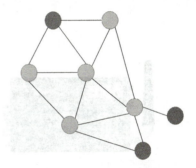
图8-5 Mesh网状网络拓扑

通常在支持网状网络的实现上，网络层会提供相应的路由探索功能。这一特性使得网络层可以找到信息传输的最优化的路径。需要注意的是，以上所提到的特性都是由网络层来实现的，应用层不需要进行任何的参与。

Mesh网状网络拓扑结构的网络具有强大的功能，网络可以通过"多级跳"的方式来通信；该拓扑结构还可以组成极为复杂的网络；网络还具备自组织、自愈功能；星形和树形网络适合点对点、距离相对较近的应用。

任务实施

一、虚拟仿真实现无线传感网设备安装与调试

使用"物联网云仿真实训台"软件，完成无线传感网设备的安装与调试。

步骤一：设备选型

1）打开左侧设备选型区中的"采集器"→"I/O模块"列表，选择"协调器"设备，拖入工作台时会弹出"选择底板"对话框，可根据实际需要选择其中的一款，如图8-6所示。选择底板后，设备被拖入工作台，如图8-7所示。

2）打开左侧设备选型区中的"执行器"列表，选择"双联继电"设备，拖入工作台时会弹出"选择底板"对话框，可根据实际需要选择其中的一款。选择底板后，设备被拖入工作

台,如图8-8所示。

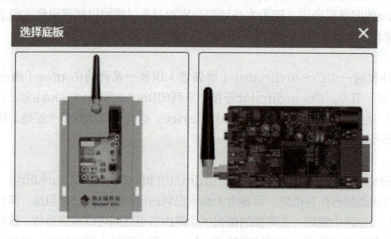

图8-6 协调器底板选择

图8-7 将两种协调器拖入工作台

图8-8 将双联继电器拖入工作台

步骤二:线路连接

构建无线传感网,按图8-9进行线路连接。

步骤三:功能测试

单击"模拟实验"按钮,测试连接状态是否正常,功能是否正常。

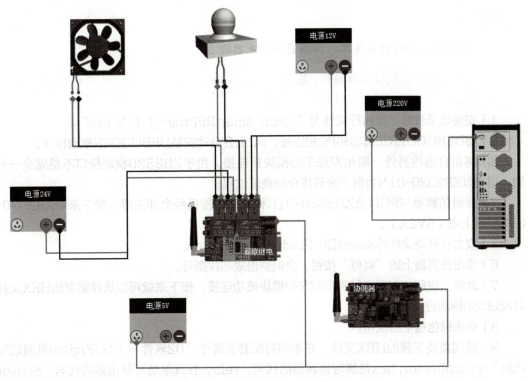

图8-9 无线传感网络线路连接

二、在真实环境下实现无线传感网设备的安装与调试

步骤一：设备选型

参照图8-10所示的几件物联网相关设备，找出本任务所需要的ZigBee采集器、协调器、继电器以及相关传感器模块。

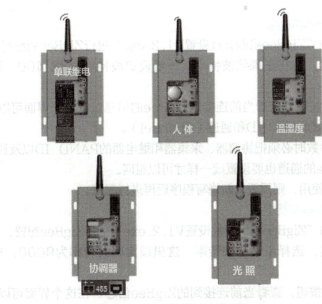

图8-10 物联网相关设备

— 161 —

> 想一想
>
> 什么是ZigBee的采集器、协调器和继电器设备？

步骤二：ZigBee相关程序烧写、配置

1. ZigBee协调器、继电器烧写

1）安装烧录软件，可执行文件为"Setup_SmartRFProgr_1.6.2.exe"。

2）将DEBUGGER仿真器和PC相连接，PC上会自动安装DEBUGGER驱动程序。

3）将仿真器的另外一端和ZB2530模块相连接。由于ZB2530模块接口不是完全一样的，这里以ZB2530-01N为例子来具体介绍烧录过程。

4）此时仿真器与PC以及ZB2530-01N模块的连接已经全部完成，接下来给ZB2530-01N模块上电（5V2A）。

5）双击打开烧录软件SmartRF Flash Programmer。

6）单击仿真器上的"复位"按钮，会识别出来芯片型号。

7）此时，说明仿真器已经和ZB2530模块成功连接，接下来就可以选择需要的HEX文件对ZB2530模块进行烧录。

8）单击绿色框中的按钮。

9）找到需要下载的HEX文件，在本项目配套资源中"02软件与工具/ZigBee组网烧写代码"中的collector.hex是烧写协调器的代码，relay.hex是烧写继电器的代码，Sensor Route.hex是烧写四输入模拟量的代码。

10）单击蓝色框中的"打开"按钮。

11）选择好需要烧录的HEX文件之后，接下来就是将该文件烧录进ZB2530模块中。

12）烧录完成。

13）拔掉接在ZB2530模块上的JTag接口，给模块重新上电。至此，HEX文件的整个烧录过程已经全部完成。

2. ZigBee协调器模块配置

1）打开PC端上的"ZigBee组网参数设置V1.2.exe"进行ZigBee的配置。

2）打开配置工具，选择正确的波特率。一般设定波特率为38 400，选择COM1口打开。

3）单击"读取"按钮，查看当前连接到ZigBee的信息。在这个界面可以设置、读取和修改参数，记住协调器的PAND ID和通道（Channel）。

4）配置ZigBee参数时必须把协调器、采集器和继电器的PAND ID以及通道设置成同样的参数，每一个ZigBee的通道也要设置成一样才可以组网。

5）如果配置无法使用，则需要重新烧写程序后再进行配置。

3. ZigBee继电器模块配置

1）打开PC端上的"ZigBee组网参数设置V1.2.exe"进行ZigBee配置。

2）打开配置工具，选择正确的波特率，这里设定的波特率为9600，选择COM1口打开。

3）单击"读取"按钮，查看当前连接到的ZigBee信息。在这个界面可以设置、读取和修改参数。通道选择和协调器的一致，PAND ID设置和协调器一致，如果这两个参数没有设

置为和协调器一致,就无法正常使用。

4)使用的继电器模块有两个,左工位上的继电器模块的序列号设定为"0001",传感器类型为默认,不用修改,单击"设置"按钮。右工位上的继电器模块的序列号设定成"1234",传感器类型为默认,不用修改,单击"设置"按钮。

5)如果配置无法使用,那么就重新烧写程序后再进行配置。

4. ZigBee传感器模块配置

1)打开PC端上的"ZigBee组网参数设置V1.2.exe"进行ZigBee配置。

2)打开配置工具,选择正确的波特率,一般设定波特率为38 400,选择COM1口打开。

3)单击"读取"按钮,查看当前连接到的ZigBee信息。在这个界面可以设置、读取和修改参数。通道选择和协调器的一致,PAND ID设置和协调器一致,如果这两个参数没有设置为和协调器一致,就无法正常使用。

4)配置传感器时设备编号的高低位不用重新设置,保留原来的配置即可,但传感器类型必须得选择"四通道电流",其他传感器选项不需要配置,配置结束后单击"设置"按钮。

5)如果配置无法使用,则重新烧写程序后再进行配置。

步骤三:ZigBee传感器模块的安装

1. 连接ZigBee模拟量采集器相关设备清单

人体模块1个、温湿度模块1个、光照度模块1个、火焰模块一个。

2. ZigBee模拟量采集器外接设备布局图

如图8-11所示为Zigbee模拟量采集器外接设备布局图,参考图中相关设备的线路连接进行线路的安装。

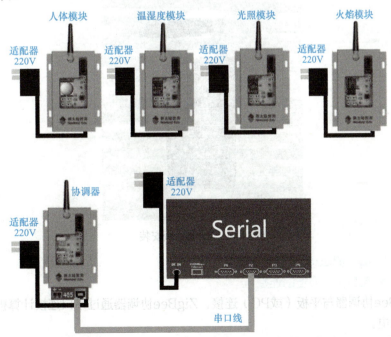

图8-11 ZigBee模拟量采集器外接设备布局图

3. ZigBee传感器外接设备及其安装

安装步骤如下。

1）烧写四输入量ZigBee采集器程序。

2）用M3×14十字盘头螺钉将M3×11六角铜柱安装到ZigBee采集器上，如图8-12所示。

3）用M3×14十字盘头螺钉将ZigBee采集器安装到亚克力板上，如图8-13所示。

图8-12　ZigBee板背面　　　　图8-13　ZigBee背面亚克力板安装

4）用M3×14十字盘头螺钉将安装有ZigBee采集器的亚克力板安装到工位上，如图8-14所示。

图8-14　ZigBee板安装

步骤四：安装ZigBee数字量采集模块

1. ZigBee与其相关设备的连接

1）ZigBee协调器与平板（或PC）连接，ZigBee协调器通过串口连接计算机，用5V电源给协调器上电。

2）风扇与ZigBee继电器模块连接，ZigBee继电器模块控制连接风扇，继电器用5V电源进行供电，风扇用24V电源进行供电。

2. 安装排风扇

安装：四角用螺钉固定在工位上。

接线：红色导线连接DC 24V正极（+），黑色导线连接负极（-）。

ZigBee继电器模块类似于开关量采集器和继电器二合一。

线路连接如图8-15所示。

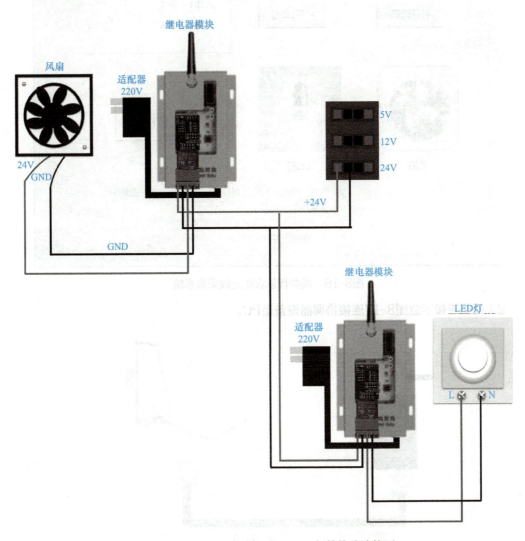

图8-15 ZigBee控制风扇、LED灯的线路连接图

3. 照明灯

参考图8-15所示进行照明灯的安装及线路连接。

步骤一：智能农业无线采集系统软件的使用

1）运行"项目8模拟智慧农业无线采集系统.exe"软件，运行后界面如图8-16所示。

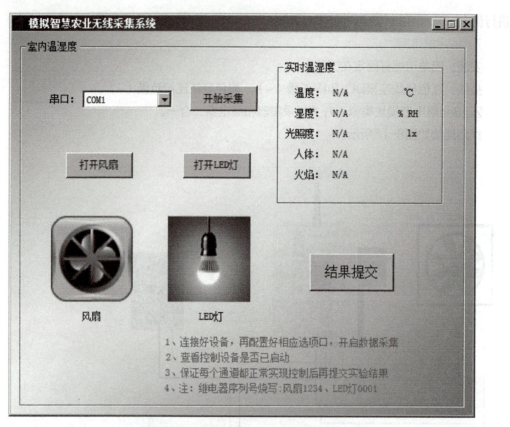

图8-16 模拟智慧农业无线采集系统

2）根据连接示意图8-17连接协调器设备至PC。

图8-17 协调器连接PC

3）设备连接完成后，选择对应连接的串口号，单击"开始采集"按钮，如图8-18所示。

4）单击"打开风扇""打开LED灯"按钮，查看风扇与LED灯是否开启或关闭，如图8-19所示。

5）查看监测软件右上角的传感器的实时情况，如图8-20所示。

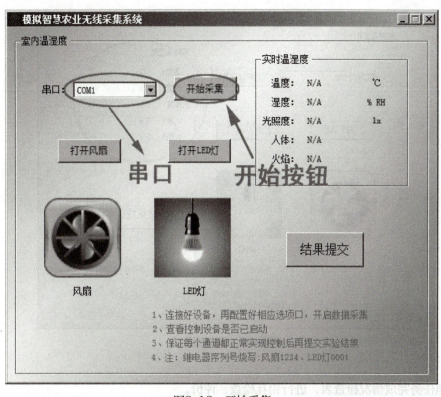

图8-18 开始采集

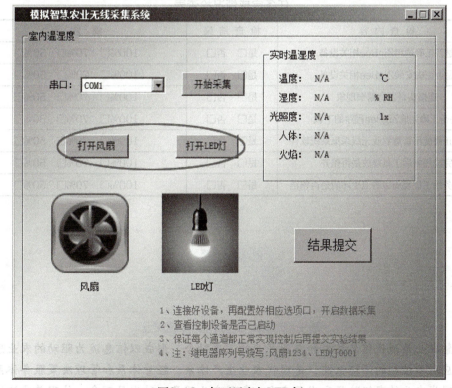

图8-19 打开风扇与LED灯

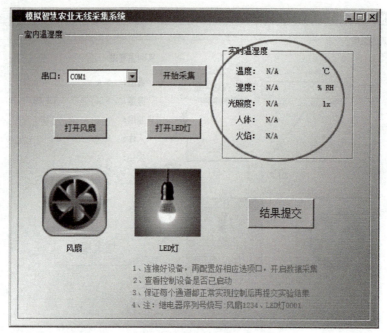

图8-20 实时温湿度

任务评价

参照任务完成情况检查表,进行相互检查、评价。

任务完成情况检查表

检查内容	检查结果	满意率		
是否正确选用ZigBee相关设备	是□ 否□	100%□	70%□	50%□
是否正确安装ZigBee相关设备	是□ 否□	100%□	70%□	50%□
连接头是否有露铜现象	是□ 否□	100%□	70%□	50%□
是否正确完成ZigBee程序的下载	是□ 否□	100%□	70%□	50%□
是否会正确使用智慧农业无线采集系统软件	是□ 否□	100%□	70%□	50%□
完成任务后工具摆放是否整齐	是□ 否□	100%□	70%□	50%□
完成任务后工位及周边的卫生环境是否整洁	是□ 否□	100%□	70%□	50%□

基于物联网、大数据的智慧农业

智慧农业是现代信息技术和农业产业的深度融合,形成以信息流为驱动的农业感知、处理、应用与控制的闭环系统,是现代农业生产体系、经营体系和管理决策服务体系智慧化,是现代农业的高级阶段和发展方向。智慧农业既是一种发展理念,体现着方法论;也是一种生产方式，体现着生产力水平。

我们可以经常看到很多智慧农业应用实例，如果从数据流反馈的维度来看，智慧农业技术可以分为数据感知——获取、数据处理和数据应用三个层面。就拿苹果树上采摘苹果为例，如果想用机器人采摘，首先机器人感知系统要感知苹果，获取图像数据，然后把这些数据传输给农业大数据的处理系统，这些系统通过机器学习的方式就能够判断苹果和树枝，把数据分析的结果应用到机械臂上，通过机械臂伸出的手把果实拿下来，还可以同时分析苹果是不是熟的以及苹果的大小。

当前，以物联网、云计算、大数据、移动互联、区块链、AI、VR为代表的现代信息技术方兴未艾。与信息技术深度融合的数字农业、智慧农业不断发展，尤其是与新兴技术的融合，已经成为趋势。农业全产业链深度融合，智慧农业正逐渐辐射生产、流通、管理、消费等全过程。而我国在智慧农业的应用上也是日益深入。比如，近年来我国在农用植保无人机的施药关键技术上，尤其是在无人机航空喷洒系统、低空低量喷洒、远程控制施药及低空变量喷药系统等技术上展开了相关研究。随着无人机技术的不断发展，植保无人机已成为部分地区防治病虫害的主要手段。再如，应用于设施农业、畜牧养殖等温室环境控制，通过各类光照、温度、二氧化碳等传感器，实现对温室内部环境的感知；通过WiFi、4G、ZigBee等方式实现信号的传输；通过设定阈值等算法，结合不同温室环境的需求，制定合理区间；通过不同反馈方式（如空调、光照、二氧化碳发生器等），实现温室环境的合理控制。其他如大田种植管理、养殖环境智能分析控制模型及系统、基于视频分析的动物疾病诊断技术、动物精准饲喂、水产养殖管理等都是智慧农业关键技术的广泛利用。

思考启示

当前，中国智慧农业发展面临一系列挑战，首先，核心芯片主要依赖进口，传感器研发原始创新能力不足，仍处于跟跑阶段。其次，人工智能相关技术人才相对不足。三是，"农业大脑"模型智能算法原始创新不足，适用范围单一，在农业生产领域不具普适性。四是在智能农业装备上，智能化农机装备较少，应用上也处于起步阶段，与发达国家相比还有很大的差距。另一方面，随着国家高度重视、研发经费投入大、发展速度快的优势不断显现，中国智慧农业发展的机遇也越来越多。

下一步应在几个板块进行重点扶持：一是大田种植数字农业，如水肥一体化、精量播种、养分管理、病虫害防控、农情调度监测、精准收获等。二是设施园艺数字农业，包括生产全程监控和产品质量可追溯；自动化清洗、分级、包装、扫码、信息采集等，提升采后处理的全程自动化水平，为电商物流提供基础支撑。三是畜禽养殖数字农业，包括自动化精准环境控制系统——环境监测与自动化通风、温控、空气过滤；电子识别、自动称量、精准上料、自动饮水等。四是水产养殖数字农业，包括自动增氧、饵料投喂、底质改良、水循环、水下机器人等，促进养殖池塘、车间和网箱的标准化、机械化、自动化、智能化。

而农业传感器与机器人、植保无人机、水肥一体化、农产品可追溯、工厂化养殖、智慧农业产业园区也应成为重点关注的发展方向。

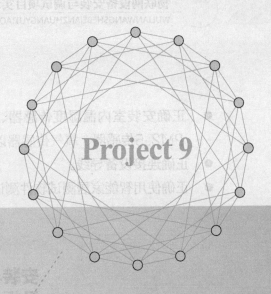

项目9
安装与调试智能家居相关设备

项目描述

温湿度传感器应用于监控文物环境的温湿度。

文物之所以历经数百年几千年而保持完好,是由于其深埋于地下时,处在近乎封闭的环境中,物理的、化学的、生物的变化都停留在某种平衡状态。但是随着它出土,这种平衡性也会遭到破坏。所以文物出土后要采取有效的措施防止它们逐渐被腐蚀、消耗,终归化为尘埃。文物在博物馆和档案馆中很容易受到空气腐蚀。所以利用温湿度传感器监控文物所在环境的温湿度是很有必要的。

学习内容

- 正确安装室内温湿度传感器、室内光照度传感器、室内二氧化碳传感器、PM2.5传感器、氧气传感器以及模拟量采集器。
- 正确连接设备导线。
- 正确使用智能家居测试软件测试智能家居相关设备。

任务1 安装与连接模拟量采集器及相关变送器设备

任务描述

进一步认知ADAM-4017模拟量采集器、室内温湿度传感器、室内光照度传感器、室内二氧化碳传感器、PM2.5传感器、氧气传感器等相关传感器；选用工具完成ADAM-4017及其相关模拟量采集器的安装；完成线路的连线并进行通电、软件测试。

任务准备

一、PM2.5传感器

1. PM2.5定义

大气污染物因子有很多种。当前我国环境保护部门监测环境大气污染物时采用的是PM10这个指标。其定义是监测环境空气中尘埃或飘尘的空气当量直径为10μm的尘埃或飘尘在环境空气中的浓度。由此，就知道了PM2.5就是指直径小于或等于2.5μm的尘埃或飘尘在环境空气中的浓度。

空气质量指数PM2.5（单位：μg/m³）表示每立方米空气中可入肺颗粒物的含量，这个值越高，就代表空气污染越严重。

2. 产品概述

PM2.5传感器采用专业测试PM2.5浓度的传感器探头作为核心检测器件，具有测量范围宽、精度高、线性度好、通用性好、使用方便、便于安装、传输距离远、价格适中等特点。PM2.5传感器的实物如图9-1所示。

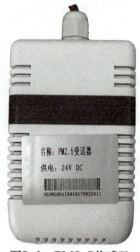

图9-1　PM2.5传感器

3. 产品参数

PM2.5传感器的参数见表9-1。

表9-1　PM2.5传感器参数

参　　数	技　术　指　标
PM2.5测量范围	0~300μg/m³
测量方式	双路激光对射测量
PM2.5精度	<读数的±10%（25℃）
PM2.5分辨率	0.1μg/m³
响应时间	≤15s
质保期	整机两年
输出信号	4~20mA、0~5V、0~10V
供电电源	总线供电，DC9~24V，默认12V供电
电流输出	4~20mA
电流输出负载	≤600Ω
电压输出	0~5V/0~10V
电压输出负载	≤250Ω
耗电	<4W
运行温度	-20~40℃
工作湿度环境	0~95%RH
外形尺寸	110mm×85mm×44mm

4. 设备清单

1）PM2.5变送器设备1台。

2）产品合格证、保修卡、售后服务卡等。

3）12V/1A防水电源1台（选配）。

5. 安装说明

需将传感器安置在避风避雨的环境中，90°垂直于地面，保持将传感器透气孔朝向正下方，防止进水。同时为了保证测量的准度，请将PM2.5变送器安装在通风较好的位置。

6. 接口说明

PM2.5传感器的电流输出见表9-2。

表9-2　电流输出型

说　　明	线　色	备　　注
电源	棕色	9~24V DC
	黑色	GND
电流输出	黄色	4~20mA 正（电流流出）
	蓝色	4~20mA 负（电流流入）

典型接线（4线制），如图9-2所示。

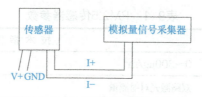

图9-2　PM2.5传感器接线示意图

7. 模拟量参数含义

模拟量4～20mA电流输出，当选择模式为PM2.5时，见表9-3。

表9-3　模拟量参数含义

电流值	PM2.5
4mA	$0\mu g/m^3$
20mA	$300\mu g/m^3$

计算公式为$P_{(PM2.5)}=(I_{(电流)}-4mA)\times 18.75\mu g/m^3$。式中，P的单位为$\mu g/m^3$，I的单位为mA。

例如，当前情况下采集到的数据是8.125mA，此时计算PM2.5的值为$77.34\mu g/m^3$。

二、氧气传感器

1. 产品概述

氧气传感器如图9-3所示。它采用专业测试氧气浓度的传感器探头作为核心检测器件；具有测量范围宽、精度高、线性度好、通用性好、使用方便、便于安装、传输距离远、价格适中等特点。

2. 产品参数

氧气传感器参数见表9-4。

图9-3　氧气传感器

表9-4　氧气传感器参数

参　　数	技术指标
氧气测量范围	0～30%
测量方式	电化学传感器
测量精度	≤读数的±3.5%F.S（25℃）
使用寿命	空气中>2年
质保期	整机两年（探头质保一年）
输出信号	4～20mA、0～5V、0～10V
电流负载	≤600Ω
电压负载	≤250Ω
供电电源	总线供电，DC 9～24V，默认12V供电
耗电	<4W
压力范围	标准大气压±10%
重复性	<2%输出值
响应时间	≤15s
运行温度	0～50℃
工作湿度环境	20%～90%RH
外形尺寸	110mm×85mm×44mm

3. 设备清单

1）氧气变送器设备1台。
2）产品合格证、保修卡、售后服务卡等。
3）12V/1A 防水电源1台（选配）。

4. 安装说明

需将传感器安置在避风避雨的环境中，90°垂直于地面壁挂，保持将传感器透气孔朝向正下方，防止进水。同时为了保证测量的准度，请将氧气变送器安装在通风较好的位置。

5. 接口说明

氧气传感器的参数见表9-5。

表9-5 电流输出型

说 明	线 色	备 注
电源	棕色	9~24V DC
	黑色	GND
电流输出	黄色	4~20mA正（电流流出）
	蓝色	4~20mA负（电流流入）

典型接线（4线制），如图9-4所示。

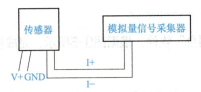

图9-4 PM2.5传感器接线示意图

6. 模拟量参数含义

模拟量4~20mA电流输出，见表9-6。

表9-6 模拟量参数含义

电流值	O_2
4mA	0%
20mA	30%

计算公式为 $P_{(O_2)} = (I_{(电流)} - 4mA) \times 1.875\%$。

式中，P的单位为%，I的单位为mA。

例如，当前情况下采集到的数据是15.15mA，此时计算O_2的值为20.9%。

三、光照度传感器

1. 产品概述

光照度变送器采用对弱光也有较高灵敏度的硅蓝光伏探测器作为传感器；具有测量范围宽、线性度好、防水性能好、使用方便、便于安装、传输距离远等特点，适用于各种场所，尤其适用于农业大棚、城市照明等场所。根据不同的测量场所，配合不同的量程，可完成测量工作。

2. 产品参数（见表9-7）

表9-7 产品参数

供电电压	24V DC
防水类型	防水
测量范围	0～20万lx可选
输出形式	4～20mA输出、0～5V输出、RS-485输出
最大允许误差	±5%FS
操作环境温湿度	0～70℃，0～70%RH（不带液晶）
感光体	带滤光片的硅蓝光伏探测器
重复测试	±5%
温度特性	±0.5%/℃
波长测量范围	380～730nm
大气压力	80～110kPa

3. 接线说明

出厂测试线颜色默认为：红线（PW+）：DC 24V；黑线（PW+）：GND；电压或电流输出（OUT）：黄线。

任务实施

一、虚拟仿真实现模拟量模块接线

使用"物联网云仿真实训台"软件，根据图9-5所示，完成模拟量模块与传感器等设备的连接。

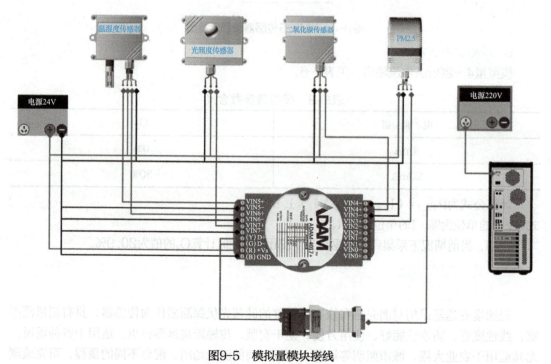

图9-5 模拟量模块接线

连接完成后,单击"连线验证"按钮开启,如果有线路接线错误则将提示错误。单击"模拟实验"按钮进行功能测试。

二、真实环境下实现模拟量模块接线

步骤一:挑选相关模拟量采集设备

参照图9-6所示的几件物联网传感器,找出本任务要安装的ADAM-4017和室内温湿度传感器、室内光照度传感器、室内二氧化碳传感器、PM2.5传感器、氧气传感器等相关传感器,并进行外观检查。观察设备的外观是否有损坏。

图9-6 物联网相关传感器

步骤二：安装走线槽

参考项目1任务2的操作步骤，根据实训工位的铁架尺寸，制作尺寸合适的走线槽。挑选合适的尺寸、螺钉、螺母、垫片，选用螺钉旋具，完成物联网实训工位铁架ADAM-4017与温湿度传感器的走线槽的安装。

步骤三：安装ADAM-4017

挑选合适的螺钉（十字盘头螺钉M4×16）、螺母、垫片，选用十字螺钉旋具，在物联网实训工位铁架上安装ADAM-4017。注意在设备台子背面加不锈钢垫片（M4×10×1）。

步骤四：安装相关模拟量传感器

1）安装室内温湿度传感器。挑选合适的螺钉（十字盘头螺钉M4×16）、螺母、垫片，选用十字螺钉旋具，在物联网实训工位铁架上安装室内温湿度传感器。

相关操作可参考项目5任务1。

2）安装室内光照度传感器。挑选合适的螺钉（十字盘头螺钉M4×16）、螺母、垫片，选用十字螺钉旋具，在物联网实训工位铁架上安装室内光照度传感器，如图9-7所示。

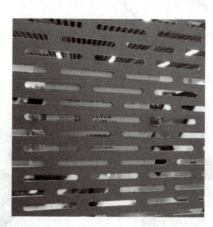

图9-7 光照度传感器安装到工位

3）安装室内CO_2传感器。挑选合适的螺钉（十字盘头螺钉M4×16）、螺母、垫片，选用十字螺钉旋具，在物联网实训工位铁架上安装室内CO_2传感器。

相关操作可参考项目3。

4）安装PM2.5传感器。挑选合适的螺钉（十字盘头螺钉M4×16）、螺母、垫片，选用十字螺钉旋具，在物联网实训工位铁架上安装PM2.5传感器，如图9-8所示。

5）安装氧气传感器。挑选合适的螺钉（十字盘头螺钉M4×16）、螺母、垫片，选用十字螺钉旋具，在物联网实训工位铁架上安装氧气传感器，如图9-9所示。

步骤五：连接相关设备的线路

1）制作连接导线。根据ADAM-4017和相关传感器与实训工位稳压电源接线端子的距离，剪取长度适宜的6根红黑平行导线。

根据ADAM-4017与外接传感器设备的距离，剪取长度适宜的信号线。

使用剥线钳将红黑线和信号线两端各剥掉约0.8cm的绝缘皮。

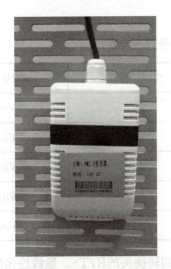

图9-8 将PM2.5传感器安装到工位

图9-9 安装氧气传感器

2)ADAM-4150电源线的连接。使用红黑线,红线将ADAM-4150的Vs接实训工位的DC 24V的正极,黑线将ADAM-4150的GND接DC 24V的负极。

3)将室内温湿度传感器等相关智能家居模拟量传感器的信号线连接至模拟量采集器输入口,参考图9-10和表9-8,完成各个传感器信号线的连接。

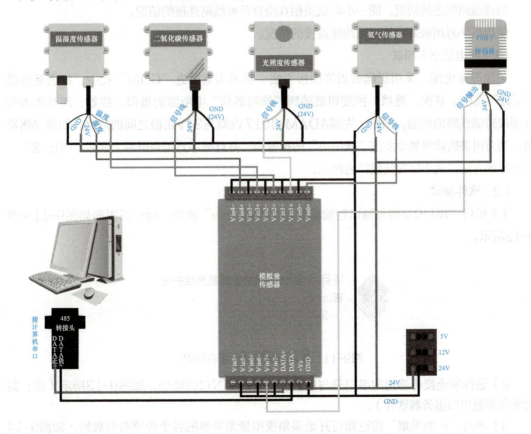

图9-10 智能家居控制系统线路连接

表9-8 ADAM-4017信号线连接端口

序号	传感器名称	供电电压	模拟量采集器
1	室内温湿度传感器	24V	Vin3+
2	室内光照度传感器	24V	Vin4+
3	室内二氧化碳传感器	24V	Vin2+
4	PM2.5传感器	24V	Vin7+
5	氧气传感器	24V	Vin0+

4）安装485转换接口。用红黑线，红线连接到转换头的R/T+，黑线连接到转换头的R/T-。红黑线另外一端，红线连接到ADAM-4017和ADAM-4150的Data+端口，黑线连接到ADAM-4017和ADAM-4150的Data-端口。最后，将485转换头的串口连接到PC的串口（COM1）。

步骤六：功能测试

检测线路的连接情况。同一小组成员相互检查各种线路连接的情况。

使用数字万用表蜂鸣档测试线路连接的情况。

（1）断电状态下测试

关闭设备电源，采用正确的表笔插接方法：将黑表笔插进"COM"孔中、红表笔插进"VΩ"孔中。其次，选档：把旋钮旋转到"蜂鸣器档"中所需的量程。接着，用红黑表笔分别接待测线路的两端。例如，先测ADAM-4017Vs端与24V正极之间的线路，如果线路导通，则万用表的蜂鸣器会发出"滴……"的报警声，并且数字万用表屏幕上显示"001.2"。用同样的方法完成全部安装线路的检测。

（2）软件测试

1）运行"项目9安装与调试智能家居相关设备.exe"软件，运行后界面如图9-11和图9-12所示。

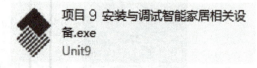

图9-11 软件可执行文件所在位置

2）选择所连接传感网的串口号与所接入设备的VIN口的地址，如图9-13所示（注：需安装与配置串口服务器软件）。

3）单击"开始采集"按钮即可开始采集模拟量采集器的各个传感器的数据，如图9-14所示。

项目9
安装与调试智能家居相关设备

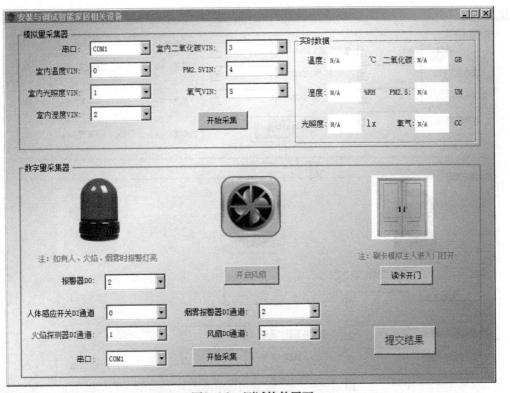

图9-12 测试软件界面

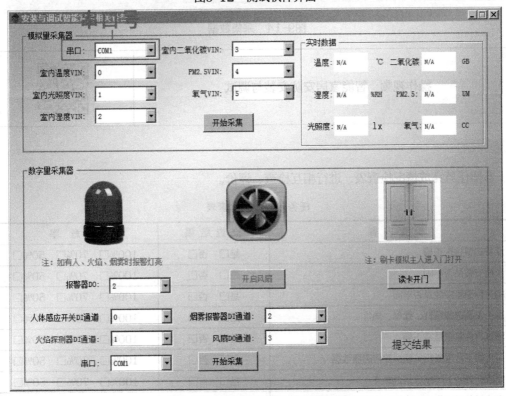

图9-13 串口号与接入信号端设置

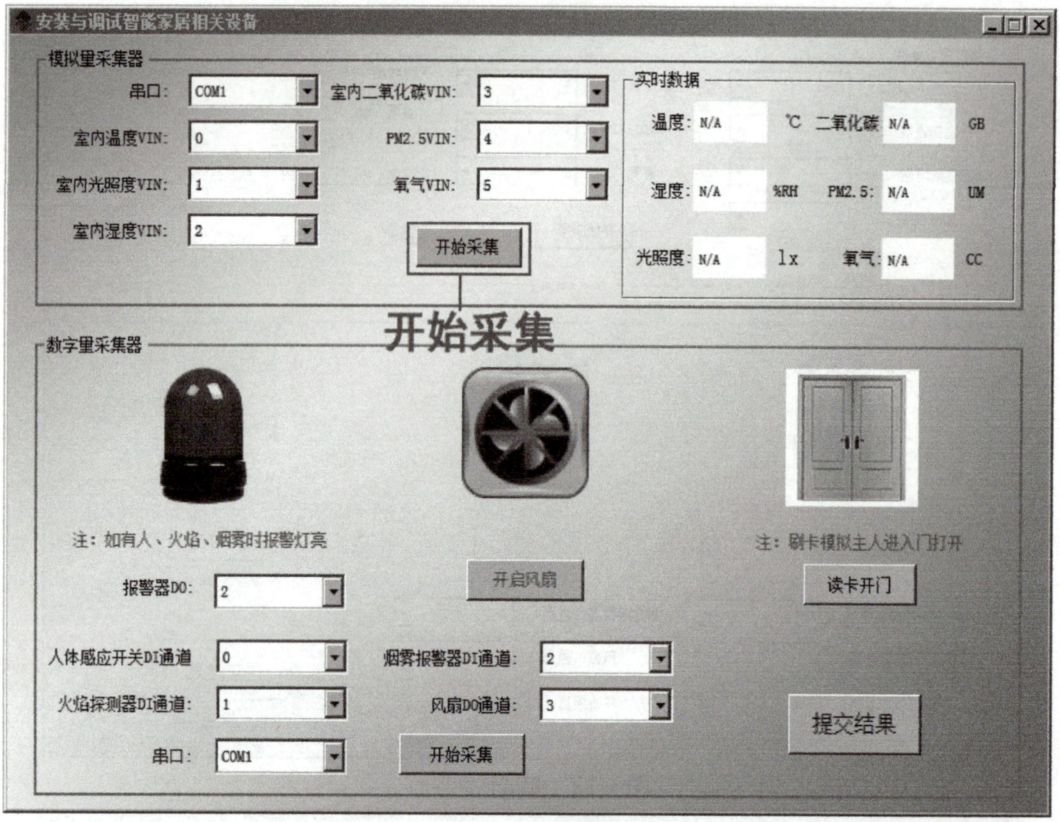

图9-14 采集数据

操作视频：智能家居安防安装与调试	

任务评价

参照任务完成情况检查表，进行相互检查、评价。

任务完成情况检查表

检查内容	检查结果	满意率		
设备选型是否正确	是□ 否□	100%□	70%□	50%□
卡槽安装是否牢固	是□ 否□	100%□	70%□	50%□
相关传感器安装是否牢固	是□ 否□	100%□	70%□	50%□
是否正确选择螺钉、螺母、垫片	是□ 否□	100%□	70%□	50%□
测试软件配置是否正确	是□ 否□	100%□	70%□	50%□
是否能正常采集相关模拟量传感器数据	是□ 否□	100%□	70%□	50%□
完成任务后工具摆放是否整齐	是□ 否□	100%□	70%□	50%□
完成任务后工位及周边的卫生环境是否整洁	是□ 否□	100%□	70%□	50%□

项目9 安装与调试智能家居相关设备

任务2 安装数字量采集器及数字量传感器

任务描述

认知ADAM-4150数字量采集器；选用工具完成ADAM-4150的安装、智能家居系统相关数字量设备与ADAM-4150的连线，并进行通电测试。

任务准备

一、人体感应开关

1. 人体红外传感器概述

人体红外传感器是基于红外线技术的自动控制产品。它在光线较暗的环境中能检测到人体移动。当有人进入开关感应范围时，专用传感器探测到人体红外光谱的变化，开关自动接通负载。人不离开感应范围，开关将持续接通。人离开后，开关延时自动关闭负载。人到灯亮，人离灯熄，亲切方便，安全节能。目前，广泛应用于教室、办公室、走廊、楼道、卫生间、地下室、仓库、车库等场所的自动照明、排气扇的自动抽风以及其他电器的自动控制等，同时也可用于防盗等。实物如图9-15所示。

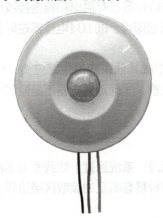

图9-15 人体红外传感器及其底座

2. 产品参数（见表9-9）

表9-9 产品参数

双极性设计	四线接驳，负载能力阻性1000W，感性500W
继电器开关	接通负载力强，继电器开关使用寿命10万次
自动测光	光线强时不感应（出厂设置），带感光调节（也可调节在任意光线下感应或全天候感应）
延时时间	范围可调，约15s~30min
防雷功能	特设防雷器件，可有效防止雷电等瞬间高压对开关造成损害

— 183 —

(续)

适用电压	AC/DC 12V、24V		
感应方式	被动式	工作电压	12V、24V
感应原理	人体红外	自身功率	<0.03W/h
感应距离	5~7m	负载能力	阻性60W，感性40W
感应角度	360°	负载范围	白炽灯、日光灯、节能灯等多种负载
光控感应	5~500lx	环境温度	-20~35℃

3. 安装方法

1）建议安装顶部高度为3m，降低高度后感应范围也随之减小。

2）不要靠近有空调、电风扇等的空间位置安装，因为热/冷风会导致红外感应开关产生误动作，所以空气流动比较大的地方也不适宜安装红外线感应开关（室外也特别注意）。距离物体大于1m。

3）不要靠近有大型电磁辐射的设备（如电台、对讲机、天线），强电磁辐射也会干扰红外线感应开关产生误动作，从而产生浪费。

4）在红外感应开关安装时，尽量避免太阳光直射、大风对着开关吹，否则容易产生误动作。

5）尽量安装在比较开阔的场所，不能有遮挡，否则影响感应范围。

4. 故障排除

1）感应开关没动作，负载灯不亮。解决方法：①检查是否有供电和检查接线是否正确。②如果接线和供电正常，用手或布盖住感应头，开关接通即可。③104电位器逆时针调一半，开关接通即可。

2）开关接通后一直长亮不灭。解决方法：①用布或其他东西盖住感应头，灯灭即可。②如果调过504延时电位器，请把电位器调回原来的位置。③确定感应器不是毗邻循环空气、加热器或灯。

二、桌面高频读写器

高频（HF）的射频识别设备工作于13.56MHz频段，系统通过天线线圈电感耦合来传输能量，通过电感耦合的方式磁场能量下降较快。磁场信号具有明显的读取区域边界。主要应用于对1m以内的人员或物品的识别。

高频读写器基本的功能是提供与标签进行数据传输的途径以及用于向标签提供能量。另外，读写器还提供复杂的信号处理与控制、通信等功能。

读写器由模拟部分和数字部分电路组成。模拟部分即射频发射模块和射频接收模块；数字部分可分为主控模块、电源管理模块、接口模块。

任务实施

一、虚拟仿真实现数字量模块接线

使用"物联网云仿真实训台"软件，根据图9-16完成数字量模块与传感器等设备的连接。

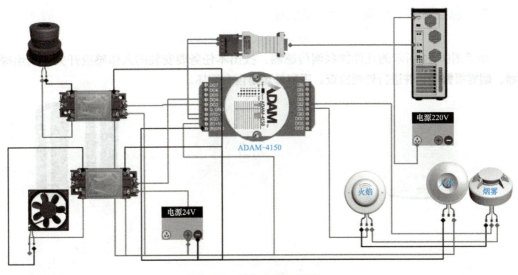

图9-16 模拟量模块接线

连接完成后,单击"连线验证"按钮开启,如有线路接线错误则将提示错误。单击"模拟实验"按钮进行功能测试。

与任务1相结合,智能家居相关设备连接如图9-17所示。

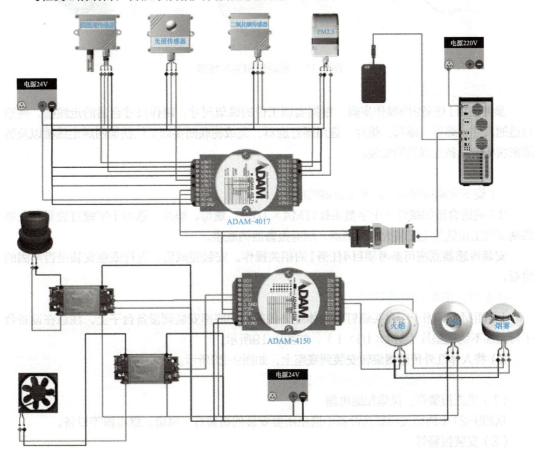

图9-17 智能家居相关设备连接图

二、真实环境下实现模拟量模块接线

步骤一：挑选人体感应开关、火焰探测器、烟雾报警器

参照图9-18所示的几件物联网传感器，找出本任务要安装的人体感应开关、火焰探测器、烟雾报警器，并进行外观检查。观察外观是否有损坏。

图9-18　物联网相关传感器

步骤二：安装走线槽

参考项目1任务2的操作步骤，根据实训工位的铁架尺寸，制作尺寸合适的走线槽。挑选合适的尺寸、螺钉、螺母、垫片，选用螺钉旋具，完成物联网实训工位铁架四周走线槽以及智能家居相关设备走线槽的安装。

步骤三：安装火焰探测器、烟雾报警器

1）旋下火焰探测器、烟雾报警器的底座。

2）挑选合适的螺钉（十字盘头螺钉M4×16）、螺母、垫片，选用十字螺钉旋具，在物联网实训工位铁架上安装火焰探测器、烟雾报警器的底座。

安装传感器底座可参考项目4任务1的相关操作。安装完成后，进行底座安装是否牢固的检查。

步骤四：安装人体感应开关

1）用M4×16十字盘头螺钉将人体红外传感器的底座安装到设备台子上，注意在设备台子背面加不锈钢垫片（M4×10×1），如图9-19所示。

2）将人体红外传感器旋转安装到底座上，如图9-20所示。

步骤五：安装报警灯、风扇、继电器

（1）挑选报警灯、风扇和继电器

从图9-21中的相关物联网设备中选出所要安装的报警灯、风扇、继电器等设备。

（2）安装报警灯

使用安装工具、螺钉（十字盘头螺钉M4×16）、螺母、垫片，将报警灯固定在实训平台架子上，注意留出报警灯外接延长线。可参考项目1任务2的相关操作。

图9-19　人体红外安装底座

图9-20　人体红外传感器

图9-21　物联网相关设备

（3）安装风扇

1）观察风扇的外观，检查表面是否有破损，电源线是否有脱落。

2）用两个M4×16十字盘头螺钉将风扇安装到工位上，注意在设备台子背面加不锈钢垫片（M4×10×1）。同时安装的时候注意风扇正反面，贴标签的一面朝外。

（4）安装继电器

1）安装继电器底座。用M4×16十字盘头螺钉将继电器金属底座安装到工位上，注意在设备台子背面加不锈钢垫片（M4×10×1）。

2)安装继电器。将两个继电器扣到继电器的金属底座上。相关继电器的安装可参考项目4任务2的相关操作。

步骤六：安装ADAM-4150

挑选合适的螺钉（十字盘头螺钉M4×16）、螺母、垫片，选用十字螺钉旋具，在物联网实训工位铁架上安装报警灯。注意在设备台子背面加不锈钢垫片（M4×10×1）。

安装ADAM-4150可参考项目4任务3的相关操作。

步骤七：连线相关设备的线路

（1）制作连接导线

1）制作连接设备电源的红黑电源线。根据人体感应开关、火焰探测器、烟雾报警器、两个继电器、ADAM-4150与实训工位稳压电源接线端子的距离，以及风扇、报警灯与继电器之间的距离，剪取长度适宜的10根红黑平行导线。

2）制作连接设备之间的信号线。根据ADAM-4150与外接设备（人体感应开关、火焰探测器、烟雾报警器、继电器）的距离，剪取长度适宜的信号线。

使用剥线钳，将红黑线和信号线两端各剥掉约0.8cm的绝缘皮。

（2）ADAM-4150以及外接设备的电源线的连接

参考图9-22所示的智能家居设备连接线路图，进行相关设备电源线的连接。

1）使用红黑线，红线将ADAM-4150的Vs接实训工位的DC 24V的正极，黑线将ADAM-4150的GND接DC 24V的负极。

2）使用红黑电源线的红线连接烟雾报警器底座④端电源正极，黑线连接③端电源负极，红黑线另外一端接工位两侧的24V电源端子。

3）用相同的方法，将红线连接火焰探测器底座④端电源正极，黑线连接③端电源负极，红黑线另外一端接工位两侧的24V电源端子。

4）使用黑色导线将烟雾报警器底座的①端报警输出COM端和③端电源负极连接，接着用一根信号线将底座②端从背后延长接出。

5）使用黑色导线将火焰探测器底座的①端报警输出COM端和③端电源负极连接，接着用一根信号线将底座②端从背后延长接出。

6）使用黑色导线将人体感应开关的红线接24V，黑线接GND，黄线接信号线。

7）报警灯与继电器线路的连接。使用信号线将第一个继电器的③脚连接到报警灯的负极，继电器的④脚连接到报警灯的正极。

使用相同的方法，将第2个继电器的③脚连接到风扇的负极，继电器的④脚连接到风扇的正极。

8）继电器的连接。

使用红黑平行线的红线⑥脚连接到24V直流稳压电源的正极，⑤脚连接24V直流稳压电源的负极；⑧脚接24V直流稳压电源的正极，⑦脚用导线接出。

9）检测线路连接情况。同一小组成员相互检查各种线路连接的情况。

10）使用数字万用表蜂鸣档测试线路连接的情况。

（3）ADAM-4150以及外接设备的信号线的连接

参考图9-22所示的连接线路图和表9-10，进行ADAM-4150以及外接设备的信号线的连接。

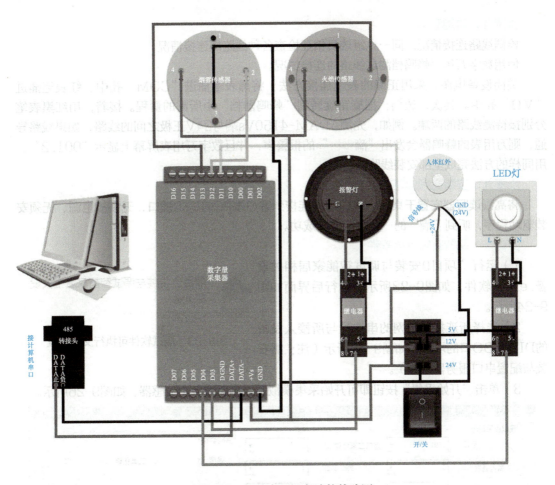

图9-22 智能家居设备连接线路图

表9-10 ADAM-4150信号线连接端口

序 号	传感器名称	供电电压	数字量采集器
1	人体感应开关	24V	DI1
2	火焰探测器	24V	DI3
3	烟雾报警器	24V	DI2
4	控制警示灯的继电器	24V	DO3
5	控制风扇的继电器	24V	DO4

1)将人体感应开关、烟雾报警器和火焰探测器信号线连接至数字量采集器输入口,完成人体感应开关、烟雾报警器、火焰探测器信号线的连接。

2)将报警灯的继电器和风扇的继电器的控制线连接至数字量采集器输入口,完成继电器的控制线至数字量采集器输入口的连接。

3)安装485转换接口。用红黑线,红线连接到转换头的R/T+,黑线连接到转换头的R/T-。红黑线另外一端,红线连接到ADAM-4017和ADAM-4150的Data+端口,黑线连接到ADAM-4017和ADAM-4150的Data-端口。最后,将485转换头的串口连接到PC的串口(COM1)。

步骤八：功能测试

检测线路连接情况。同一小组成员相互检查各种线路的连接情况。

使用数字万用表蜂鸣档测试线路的连接情况。

关闭设备电源，采用正确的表笔插接方法：将黑表笔插进"COM"孔中、红表笔插进"VΩ"孔中。其次，选档：把旋钮旋转到"蜂鸣器档"中所需的量程。接着，用红黑表笔分别接待测线路的两端。例如，先测ADAM-4150Vs端与24V正极之间的线路，如果线路导通，则万用表的蜂鸣器会发出"滴……"的报警声，并且数字万用表屏幕上显示"001.2"。用同样的方法完成全部安装线路的检测。

步骤九：安装高频读写器

将高频读写器安置于桌面，将USB线连接到客户端PC的USB插口，无须接电源、无须安装驱动程序，听到"滴"的一声表明安装成功。

步骤十：配置智能家居软件

1）运行"项目9安装与调试智能家居相关设备.exe"软件，如图9-23所示。运行后界面如图9-24所示。

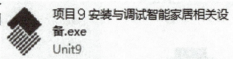

图9-23 测试软件可执行文件位置

2）选择所连接传感网的串口号与所接入设备的DI口与DO口的地址，如图9-25所示（注：需安装与配置串口服务器软件）。

3）单击"开始采集"按钮即可开始采集模拟量采集器的各个传感器，如图9-26所示。

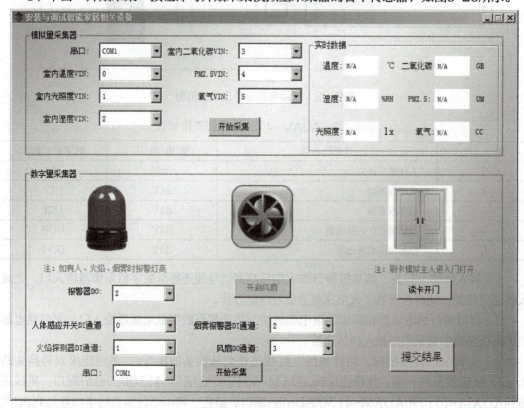

图9-24 测试软件界面

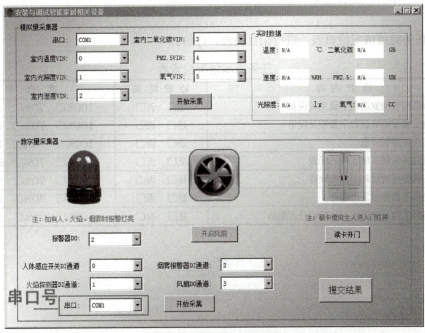

图9-25 串口号设置界面

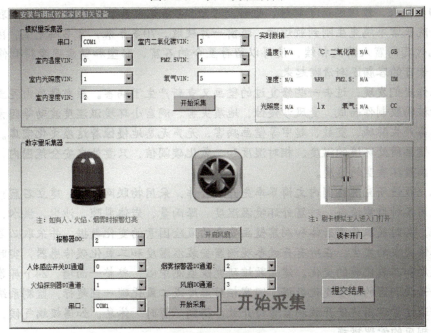

图9-26 采集开始

步骤十一：综合调试

打开智能家居软件，进行相关模拟量和数字量信息的采集及控制操作，进行功能演示。

操作视频：人体红外传感器安装	

任务评价

参照任务完成情况检查表，进行相互检查、评价。

任务完成情况检查表

检查内容	检查结果	满意率		
是否正确选用智能家居数字量相关设备	是□ 否□	100%□	70%□	50%□
是否正确安装智能家居数字量相关设备	是□ 否□	100%□	70%□	50%□
连接头是否有露铜现象	是□ 否□	100%□	70%□	50%□
是否正确完成智能家居软件的配置	是□ 否□	100%□	70%□	50%□
是否会正确使用智能家居系统软件	是□ 否□	100%□	70%□	50%□
完成任务后工具摆放是否整齐	是□ 否□	100%□	70%□	50%□
完成任务后工位及周边的卫生环境是否整洁	是□ 否□	100%□	70%□	50%□

物联网技术助力敦煌抢救性保护和预防性保护

1000多年来，敦煌经历了辉煌，也经历了近500年无人看管和维护的荒凉。敦煌研究院第一任院长常书鸿先生刚到敦煌时，眼前一片破败。70多年来，常书鸿先生、段文杰先生以及几代莫高窟人薪火相续，使得以留存至今的石窟、彩塑和壁画逐步得到修复和保护，敦煌昔日的容颜逐渐清晰起来。

但工作者们发现，过去一些修复过的壁画又重新产生了病害。原来壁画由泥土、矿物颜料、动植物胶制作而成，受风沙侵蚀、地质灾害、洞窟小环境温湿度波动等因素的长期影响，容易产生酥碱、空鼓、起甲等壁画病害，无声无息地侵蚀着这座文化宝库。研究结果表明，壁画所处环境的温度、相对湿度和二氧化碳阈值，只要处在安全范围内，就会大大降低壁画毁坏衰变的速度。

为此，敦煌研究院在国内文博界率先开展合作，采用物联网技术，建立石窟预警监测体系，采用各种监测设备，对窟外环境温湿度、降雨量、岩体裂隙、沙尘、洪水、地震等进行监测，实时获取危害岩体和洞窟壁画安全的风险因素的变化数据，并采取必要措施预防文物本体灾害的发生。在所有开放参观洞窟安装温湿度和二氧化碳传感器，实时监测洞窟内温湿度和二氧化碳的变化。建立敦煌研究院监测中心，整整一面墙，24个屏幕可切换显示每个开放洞窟的环境变化数据。洞窟相对湿度或二氧化碳一旦超标，监测系统会自动报警，并通过管理措施使开放洞窟暂停开放，得到"暂时"休息。如遇极端气候，也有停止开放等相应的管理措施。

思考启示

文化遗产需在保护好的前提下合理利用，在开放利用中加强保护。只有做好文物保护，将其贯穿于开发与利用的全过程，方能形成保护与发展的良性循环，保证文物的可持续利用。

保护和发展文化遗产事业，必须与时代同行、与科技发展相融合。数字技术的发展是数字化、信息化、智能化、智慧化逐步完善和升级的过程。我们应以智慧化为发展方向，紧跟科技发展步伐，不断开拓创新。

项目 10

安装与调试智慧社区相关设备

项目描述

在新形势下，社会管理创新产生了智慧社区。它充分借助互联网、物联网，涉及到智能楼宇、智能家居、路网监控、个人健康与数字生活等诸多领域。"智慧社区"建设，是将"智慧城市"的概念引入了社区，以社区群众的幸福感为出发点，通过打造智慧社区为社区百姓提供便利，从而加快和谐社区建设，推动区域社会进步。基于物联网、云计算等高新技术的"智慧社区"是"智慧城市"的一个"细胞"，它是一个以人为本的智能管理系统，有望使人们的工作和生活更加便捷、舒适、高效。本项目，将进一步认识与安装智慧社区的相关设备。

学习内容

- 认知室外光照度传感器等相关模拟量采集器。
- 正确安装室外光照度传感器等相关模拟量采集器。
- 认知微波感应开关等相关数字量采集器。
- 正确安装室外光照度传感器等相关模拟量采集器。
- 正确使用软件模拟测试智慧社区系统采集器。

任务1 安装与调试模拟量传感器、采集器及相关设备

任务描述

安装与调试模拟量传感器、采集器及相关设备；认知室外光照度传感器等模拟量传感器设备并进行相关设备的安装；配置智慧社区软件，获取相关模拟量信息并进行故障排除。

任务准备

一、室外光照度传感器

1. 概述

室外光照度传感器采用OSA-4型号的光照度变送器，外观如图10-1所示。OSA-4光照度变送器是采用了具有高灵敏度的感光探测器，配合高精度线性放大电路，经过严密检测、精确生产的具有多种光照度测量范围和信号输出类型的实用型产品。变送器外壳采用壁挂安装及室外防辐射罩外形设计，结构精致、外形美观，是一款应用范围广泛、性价比极高的光照度测量产品。目前，室外光照度传感器广泛应用于气象站、农业、林业、温室大棚、养殖、建筑、实验室、城市照明等需要监测光照强度的领域。

图10-1 光照度变送器

2. 光照度传感器的种类

光照度传感器输出信号常见的有电流型输出和差分电压输出，也叫485信号输出。从传输距离来看，电流型输出的传输距离短，而485信号输出的传输距离远。因此，也将电流型光照度传感器称为室内光照度传感器，输出485信号的光照度传感器称为室外光照度传感器。

3. 产品特点

1）采用进口传感器设计，测量更加精确可靠。

2）性价比超高，宽电压设计。

3）数字线性化修正，高精度、高稳定性。

4）采用真实太阳光标定，使光源影响最小。

5）安装灵活，使用方便。

6）体积小、重量轻、抗振动。

7）可做成多种外形，以满足不同客户的需求。

4. 技术参数

测量参数：光照强度。

测量单位：lx。

工作温度：−30～70℃；湿度：10%～90%RH。

储存温度：−40～80℃；湿度：10%～90%RH。

准确度：±3%FS。

非线性：≤0.2%FS。

稳定时间：通电后1s。

响应时间：＜1s。

电缆规格：2m3线制（模拟信号）；2m4线制（RS-485）（电缆长度可选）。

技术说明：

1）光照度是体现光照强弱的单位，其通俗定义为照到单位面积（m^2）上的光通量。光照度单位是每平方米的流明（lm），也被称为勒克斯（lx）。

2）1个单位的照度大约为1个烛光在1m距离的光亮度。在我国，一般情况下，夏日晴天强光下光照度为10万lx（3～30万lx），阴天光照度为1万lx，日出、日落光照度为300～400lx，室内日光灯光照度为30～200lx，夜里为0.3～0.03lx（明亮月光下），0.003～0.0007lx（阴暗的夜晚）。

5. 接线方法

OSA-4光照度变送器可连接各种载有差分输入的数据采集器、数据采集卡、远程数据采集模块等设备。

接线说明：接线如图10-2所示。红线为电源正极，黑线为电源负极，黄线和绿线分别接到485采集器的T/R+和T/R−。

图10-2　光照度变送器接线说明

6. 使用上的注意事项

1）当收到产品时请检查包装是否完好，并核对变送器型号和规格是否相符。

2）安装处应远离化学腐蚀环境。

3）变送器及导线应远离高压电、热源等。

4）变送器属于精密仪器，应存放在干燥通风常温的室内环境。

5）传感器属于精密器件，用户在使用时请不要自行拆解，以免造成产品损坏。

7. 工作原理

光照度传感器采用先进的光电转换模块，将光照强度值转化为电压值，再经调制电路将此电压值转换为输出信号，以HA2003光照度传感器为例，输出0～2V或4～20mA的信号。

光照度传感器的数据转换方法，见表10-1。其中，E为光照强度，单位为lx。V为采集器采集到的电压值，单位为V。A为采集器采集到的电流值，单位为mA。

表10-1　光照度传感器数据转换方法

输出信号		各个量程的数据转换方法		
		0～2k	0～20k	0～200k
电压信号	0～2V DC	$E=10^3 \times V$	$E=10^4 \times V$	$E=10^5 \times V$
	0～2.5V DC	$E=800 \times V$	$E=8 \times 10^3 \times V$	$E=4 \times 10^4 \times V$
	0～5V DC	$E=400 \times V$	$E=4 \times 10^3 \times V$	$E=4 \times 10^4 \times V$
	0～10V DC	$E=200 \times V$	$E=2 \times 10^3 \times V$	$E=2 \times 10^4 \times V$
电流信号	4～20mA	$E=125 \times A-500$	$E=(1.25 \times A-5) \times 10^3$	$E=(1.25 \times A-5) \times 10^4$
数字信号	RS-485	标准ModBus-RTU协议，波特率：9600 校验位：无；数据位：8；停止位：1		

二、电工胶布

1. 概述

电工胶布是一种性能优良、经济实用的聚氯乙烯绝缘胶带。它具有良好的耐磨性、防潮性、耐酸碱性及抗环境变化能力（包括紫外线）。聚氯乙烯带具有很高的介电强度，从形性好，较少的用量即可获得较好的机械保护。

2. 应用

适用于室内或室外，用于绑扎电线和电缆，用于电压等级600V以下的所有电线和电缆接头的主绝缘，用于修补高压电缆接头的护套，用于600V及以下电气绝缘、电线、电缆、相识标色。

3. 存储条件

在常温、通风条件下，电工胶布性能保持稳定。

任务实施

一、虚拟仿真实现模拟量模块接线

使用"物联网云仿真实训台"软件，根据图10-3，完成模拟量模块与传感器等设备的连接。

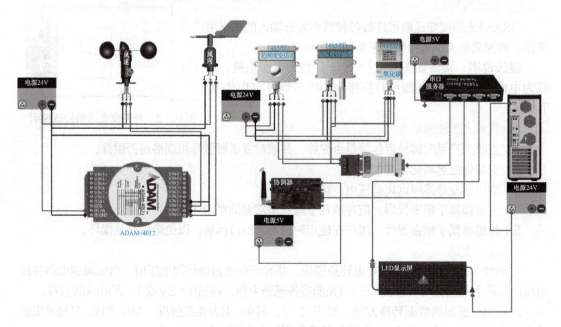

图10-3　模拟量模块接线

连接完成后,单击"连线验证"按钮开启,如果有线路接线错误则将提示错误。单击"模拟实验"按钮进行功能测试。

二、真实环境下实现模拟量模块接线

步骤一:挑选室外光照度传感器

参照图10-4所示的几件物联网传感器,找出本次实训要安装的室外光照度传感器,并进行外观检查。观察设备外观是否有损坏。

> **想一想**
> 室外光照度传感器的信号延长线如何区分?

图10-4 物联网相关传感器

步骤二:安装走线槽

参考项目1任务2的操作步骤,根据实训工位的铁架尺寸,制作尺寸合适的走线槽。挑选合适的尺寸、螺钉、螺母、垫片,选用螺钉旋具,完成物联网实训工位铁架四周走线槽以及传感器走线槽的安装。

注意:根据本次要安装的设备数量进行卡槽布局分布设计并安装。

步骤三:安装相关模拟量传感器和采集器

(1)安装室外光照度传感器

从物联网设备中挑选正确的室外光照度传感器,观察传感器的外观是否有破损等情况。挑选合适的螺钉(十字盘头螺钉M4×16)、螺母、垫片,选用正确的安装工具,在物联网实训工位铁架上安装室外光照度传感器。安装后的光照度传感器可参考图10-5。

(2)安装室外温湿度传感器

从物联网设备中挑选正确的室外温湿度传感器,观察传感器的外观是否有破损等情况。挑选合适的螺钉(十字盘头螺钉M4×16)、螺母、垫片,选用正确的安装工具,在物联网实训工位铁架上安装室外温湿度传感器。可参考项目5任务1的相关操作步骤,安装后的室外温湿度传感器可参考图10-6。

(3)安装室外CO_2传感器

从物联网设备中挑选正确的室外CO_2传感器,观察传感器的外观是否有破损等情况。挑选合适的螺钉(十字盘头螺钉M4×16)、螺母、垫片,选用正确的安装工具,在物联网实训工位铁架上安装室外CO_2传感器。可参考项目3的相关操作步骤,安装后的室外CO_2传感器可参考图10-7。

(4)安装风速传感器

从物联网设备中挑选正确的风速传感器,观察传感器的外观是否有破损等情况。挑选合适的螺钉(十字盘头螺钉M4×16)、螺母、垫片,选用正确的安装工具,在物联网实训工位铁架上安装风速传感器。可参考项目2任务2的相关操作步骤,安装后的风速传感器可参考图10-8。

图10-5 光照度传感器安装效果

图10-6 室外温湿度传感器安装效果

图10-7 室外CO_2传感器安装效果

图10-8 风速传感器安装效果

(5)安装风向传感器

从物联网设备中挑选正确的风向传感器,观察传感器的外观是否有破损等情况。挑选合适的螺钉(十字盘头螺钉M4×16)、螺母、垫片,选用正确的安装工具,在物联网实训工位铁架上安装风向传感器。可参考项目2任务1的相关操作步骤,安装后的风向传感器可参考图10-9。

(6)安装ADAM-4017模拟量采集器

从物联网设备中挑选正确的模拟量采集器,观察采集器的外观是否有破损等情况。挑选合适的螺钉(十字盘头螺钉M4×16)、螺母、垫片,选用十字螺钉旋具,在物联网实训工位铁架上安装模拟量采集器。注意在设备台子背面加不锈钢垫片（M4×10×1）。可参考项目5任务2的相关操作步骤，安装后的ADAM-4017可参考图10-10。

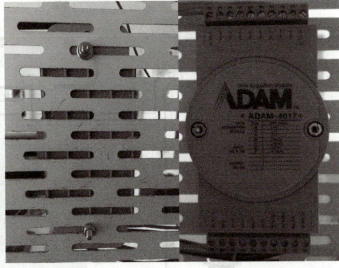

图10-9　风向传感器安装效果　　　　图10-10　安装ADAM-4017模拟量采集器

步骤四：连接相关模拟量传感器和采集器的线路

（1）制作电源导线

1）根据各相关模拟量传感器外接延迟线与实训工位稳压电源接线端子的距离，剪取长度适宜的6根红黑平行导线。

2）使用剥线钳，将红黑线两端剥掉约0.8cm的绝缘皮。

（2）连接相关模拟量传感器和采集器的电源线

1）如果相关模拟量传感器的外接延长线的长度不够，使用剥线钳将传感器原来的外接延长线剥掉约0.8cm的绝缘皮。

2）使用红黑线将室外光照度传感器原来的外接延长线连接延长。注意：红黑平行线的红线接传感器的红色延长线，红黑平行线的黑线接传感器的黑色延长线。

3）将红黑延长线连接到实训工位的稳压电源24V处，如图10-11所示。

4）重复步骤2）～4），完成室外温湿度传感器、室外CO_2传感器、室外风速传感器和风向传感器电源线的连接。

5）使用红黑线，红色线一端接模拟量采集器的VS端，黑线接GND端，将红黑延长线连接到实训工位的稳压电源24V处，如图10-11所示。

（3）制作连接风向、风速传感器和采集器的信号线

1）根据风向、风速传感器外接延长线与模拟量采集器端子的距离，剪取长度适宜的两根红黑平行导线。

2）使用剥线钳，将红黑线两端剥掉约0.8cm的绝缘皮。

（4）连接风向、风速传感器和采集器的信号线

1）使用信号线导线将风向传感器的蓝色信号线连接到模拟量采集器的VIN5+端口。

2）使用信号线导线将风速传感器的蓝色信号线连接到模拟量采集器的VIN6+端口。

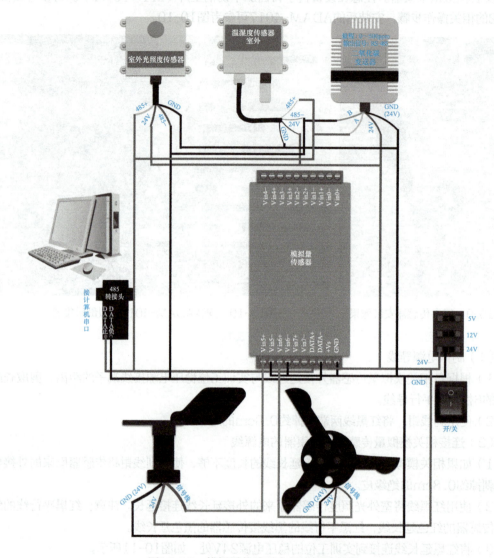

图10-11 模拟量传感器电气连接示意图

（5）制作连接室外传感器、模拟量采集器和485转换端子的信号线

1）根据室外光照度、室外温湿度、室外CO_2传感器外接延迟线、模拟量采集器DATA+/-端子与485转换头端子的距离，剪取长度适宜的4根红黑平行导线。

2）使用剥线钳将红黑线两端剥掉约0.8cm的绝缘皮。

（6）连接室外传感器、模拟量采集器和485转换端子的信号线

1）使用制作好的红黑平行线，将室外光照度传感器的输出信号线黄色导线和绿色导线分别连接到485转换头的R/T+和R/T-端口。红线一端连接传感器的黄色信号延长线，另一端连接到转换头的R/T+，黑线一端连接传感器的绿色信号延长线，另一端连接到转换头的R/T-，如图10-12所示。

2）参考步骤1），完成室外温湿度传感器输出信号与485转换端子的连接。

3）参考步骤1），完成室外CO_2传感器输出信号与485转换端子的连接。

4）参考步骤1），完成模拟量采集器DATA+/-端子与485转换端子的连接。

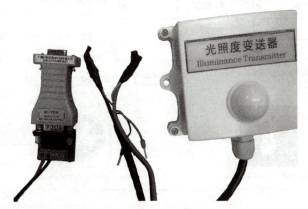

图10-12　RS-485转换头与光照度变送器信号连接图

步骤五：功能测试

（1）检查线路连接情况

1）使用数字万用表蜂鸣档测试线路连接情况。首先检查设备电源线的连接情况。

2）检测风向、风速传感器与模拟量采集器端子线路的连接情况。

3）检测室外传感器、模拟量采集器和485转换端子线路的连接情况。

（2）使用电工绝缘胶布隔离各个连接线端子

使用电工绝缘胶布隔离传感器外接延长线与连接导线的金属裸露部分。使用时，电工胶布以半重叠方式缠绕。为使绕包均匀和整齐，应施以足够拉力。在并接式接头上，胶带应绕包在电线尾端外，然后折回留下一条胶垫，以防凿穿。在绕包最后一层时不能拉伸，以防扯旗。

（3）通电测试

将实训工位的稳压电源开关开启，使用数字万用表电压档测量设备输出稳压电源和ADAM-4017的供电电压，正常工作电压应为24V。若不正常，则需断电后进一步检查设备通电情况和线路连接情况。

（4）软件测试

打开“智慧社区”测试软件查看采集数据的情况。

1）运行“项目10安装与调试智慧社区相关设备.exe”软件，测试软件可执行文件如图10-13所示。

项目10安装与调试智慧社区相关设备.exe

图10-13　测试软件可执行文件

2）选择所连接传感网的串口号与所接入设备的VIN、VOUT口的地址，如图10-14所示。（注：需安装与配置串口服务器软件）

3）单击“开始采集”按钮即可开始采集模拟量采集器的各个传感器，如图10-15所示。

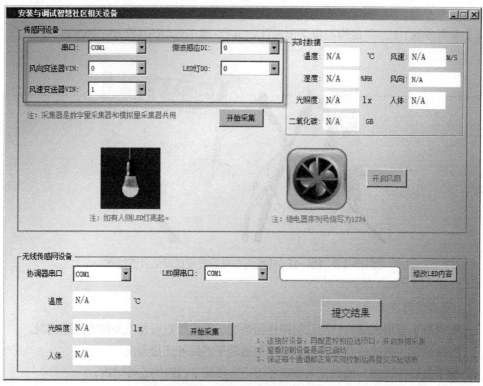

图10-14 传感网设备设置界面

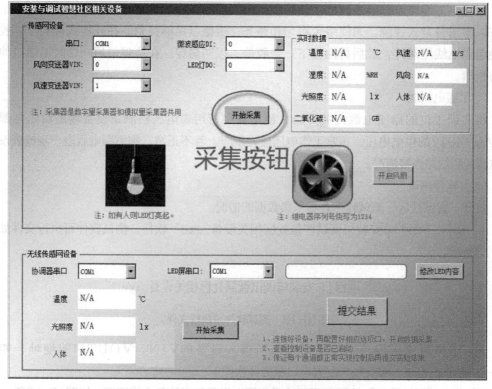

图10-15 数据采集功能测试

任务评价

参照任务完成情况检查表，进行相互检查、评价。

任务完成情况检查表

检 查 内 容	检 查 结 果	满 意 率		
卡槽安装是否牢固	是□ 否□	100%□	70%□	50%□
相关模拟量传感器和采集器设备安装是否牢固	是□ 否□	100%□	70%□	50%□
相关模拟量传感器和采集器设备的连接线路是否正确	是□ 否□	100%□	70%□	50%□
是否正确选择螺钉、螺母、垫片	是□ 否□	100%□	70%□	50%□
相关模拟量传感器是否能够正确采集信息	是□ 否□	100%□	70%□	50%□
完成任务后工具摆放是否整齐	是□ 否□	100%□	70%□	50%□
完成任务后工位及周边的卫生环境是否整洁	是□ 否□	100%□	70%□	50%□

任务2　安装与调试数字量传感器、采集器及相关设备

任务描述

安装与调试数字量传感器、采集器及相关设备，认知微波感应开关等数字量传感器、无线传感网设备，并进行相关设备的安装；配置智慧社区软件，获取相关数字量信息，进行输出控制并进行故障排除。

任务准备

一、微波感应开关

1. 概述

微波感应开关又称雷达感应开关，以多普勒效应为基础，采用最先进的平面天线，可有效抑制高次谐波和其他杂波的干扰，灵敏度高、可靠性强、安全方便、智能节能，是楼宇智能化和物业管理现代化的首选产品。目前应用于走廊、楼道、卫生间、地下室、车库、仓库、监控等节能自动照明场所，如图10-16所示。

2. 功能与特点

1）智能感应：当有人进入本产品的探测范围内时，

图10-16　微波感应开关

微波探测器工作，点亮灯，当人离开探测范围后，灯自动熄灭。它可自动识别白天和黑夜，自带环境光线检测功能，默认晚上才亮灯（可调为白天工作）。

2）智能延时：开关在检测到人体的每一次活动后会自动顺延一个周期，并以最后一次人体活动的顺延时间为起始点。

3）工作方式：感应开关接通后，在延时时间段内如果有人体活动，则开关将持续接通，直到人离开并顺延时间。

4）光敏控制：根据外界的光线强度来控制开关是否工作，以达到节能效果。

5）与红外产品比较：微波感应开关感应距离远，角度广，无死区，能穿透玻璃和薄木板。根据功率的不同，可以穿透不同厚度的墙壁，不受环境、温度、灰尘等影响，在37℃情况下，感应距离不会缩短。微波感应开关是红外开关的理想更新换代产品。

3. 技术参数

工作电压：DC 24V。

感应方式：主动式。

静态功耗：0.5W。

输出方式：继电器。

延时时间：默认约10～180s可调（超出范围可定做）。

照　　度：默认5～5000lx可调（超出范围可定做）。

感应距离：默认3～9m可调（超出可调范围可定做）。

感应角度：360°。

负载范围：所有灯具和报警器等。

负载功率：≤100W。

工作温度：-20～+55℃。

4. 注意事项

1）请勿带电操作，必须由专业人士安装。

2）请勿超载使用。

3）请勿以动荡不定的物体作为安装基面。在感应区域内，不要有影响开关探测的障碍物或不停运动的物体，不要有其他设备的电磁干扰，比如高压电之类等。

4）初次通电时，感应开关或感应灯会自动通电，一个延时周期后熄灭恢复正常光控和感应功能。

5）由于是主动感应，感应开关会发出电磁波。所以在无阻挡的情况下，两个微波感应开关或微波感应灯之间的距离最好保持5m以上，距离太近会互相干扰。

6）此产品不适合户外安装。

特别提示：

1）雷达感应开关的距离问题。受实际安装环境影响，距离一般在3～9m，空间越狭小的地方感应范围越小，比如楼道走廊；空间越空旷的地方感应范围越大，比如车库。这不是开关质量问题，是微波的特性。小空间中，反射波和正常发射波会互相抵消。

2）调节感应范围后，需要等3min，所以不要以为调节没反应。

可调的产品在调试时请一定要用一字螺钉旋具轻轻地调，遇到阻力就是尽头了，不能再调，不然就会破坏零件。顺时针调白天亮，逆时针调夜间亮，如图10-17a所示；顺时针调增加范围，逆时针调减少范围，如图10-17b所示；顺时针调增加时间，逆时针调减少时间，如图10-17c所示。

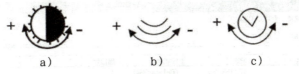

图10-17 可调示意图
a）感光度调节 b）感应范围调节 c）时间调节

5. 感应开关接线图

感应开关的接线示意图，如图10-18所示。①脚为输入端的负极，②脚为输出端的正极，③脚为电源24V的正极，④脚为电源24V的负极。

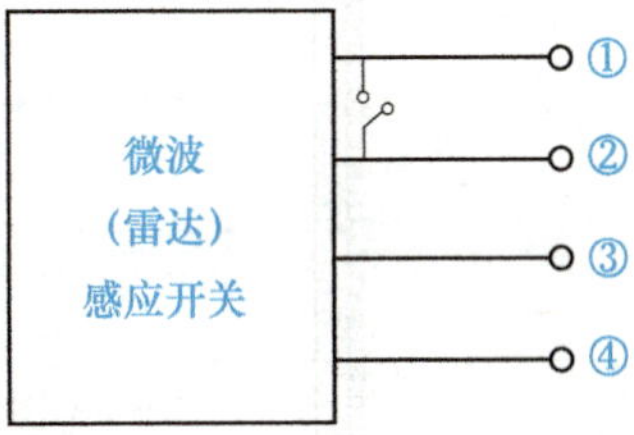

图10-18 感应开关的接线示意图

二、串口服务器

1. 概述

串口服务器是为RS-232/485/422到TCP/IP之间完成数据转换的通信接口转换器。它提供RS-232/485/422终端串口与TCP/IP网络的数据双向透明传输，提供串口转网络功能，是RS-232/485/422转网络的解决方案，可以让串口设备立即联接网络。中金串口服务器，如图10-19所示。

图10-19 串口服务器

2. 工作方式

1）TCP/UDP通信模式：在该模式下，串口服务器成对使用，一个作为服务器端，一个作为客户端，两者之间通过IP地址与端口号建立连接，实现数据双向透明传输。该模式适用于将两个串口设备之间的总线连接改造为TCP/IP网络连接。

2）使用虚拟串口通信模式：在该模式下，一个或者多个转换器与一台计算机建立连接，支持数据的双向透明传输。由计算机上的虚拟串口软件管理下面的转换器，可以实现一个虚拟串口对应多个转换器，N个虚拟串口对应M个转换器（N<=M）。该模式适用于串口设备由计算机控制的485总线或者232设备连接。

3）基于网络的通信模式：在该模式下，计算机上的应用程序基于Socket协议完成通信，在转换器设置上直接选择支持Socket协议即可。

3. 串口服务器的使用

1）安装串口服务器驱动程序。双击串口服务器驱动程序软件"vser"进行安装，如图10-20所示。

 vser

图10-20 串口服务器驱动程序软件

2）安装后运行程序，单击"扫描"按钮，扫描串口服务器IP，如图10-21所示。

图10-21 串口服务器驱动程序软件

3)配置临时IP(一般和主机IP在同一个网段,已确保计算机能访问的到),如图10-22所示。

4)访问刚才配置的串口服务器IP,并检查相关配置是否正常,如图10-23所示。

图10-22 配置串口服务器IP

图10-23 检查串口服务器相关配置

任务实施

一、虚拟仿真实现数字量模块接线

使用"物联网云仿真实训台"软件,根据图10-24完成数字量模块与传感器等设备的连接。

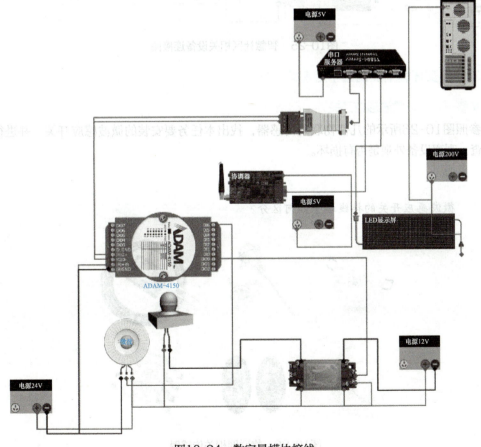

图10-24 数字量模块接线

连接完成后，单击"连线验证"按钮开启，如果有线路接线错误则将提示错误。单击"模拟实验"按钮进行功能测试。

与任务1相结合，智慧社区相关设备连接如图10-25所示。

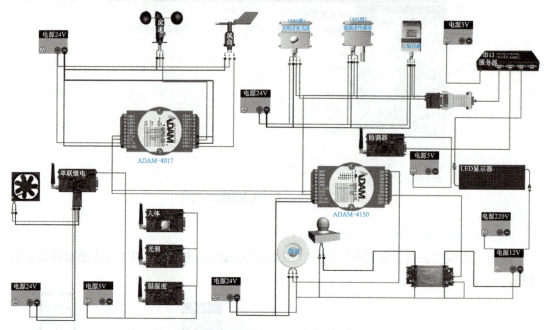

图10-25　智慧社区相关设备连接图

二、真实环境下实现数字量模块接线

步骤一：挑选微波感应开关

参照图10-26所示的几件物联网传感器，找出本任务要安装的微波感应开关，并进行外观检查。观察设备外观是否有损坏。

> **想一想**
>
> 微波感应开关的接线端子如何区分？

图10-26　物联网相关传感器

步骤二：安装走线槽

参考项目1任务2的操作步骤，根据实训工位的铁架尺寸，制作走线尺寸合适的走线槽。挑选合适的尺寸、螺钉、螺母、垫片，选用螺钉旋具，完成物联网实训工位铁架四周走线槽以及传感器走线槽的安装。

注意：根据本次要安装的设备数量进行卡槽布局分布设计并安装。

步骤三：安装相关数字量传感器和采集器

1）安装微波感应开关。从物联网设备中挑选正确的微波感应开关，观察传感器的外观是否有破损等情况。挑选合适的螺钉（十字盘头螺钉M4×16）、螺母、垫片，选用正确的安装工具。首先拆下微波感应开关的底座，在物联网实训工位铁架上安装微波感应开关的底座，然后旋上微波感应开关。安装后的微波感应开关可参考图10-27。

图10-27 微波感应开关安装效果

2）安装LED灯。从物联网设备中挑选正确的LED灯底座和LED照明灯，观察LED灯底座和LED照明灯的外观是否有破损等情况。挑选合适的螺钉（十字盘头螺钉M4×16）、螺母、垫片，选用正确的安装工具，在物联网实训工位铁架上安装LED灯底座和LED照明灯。可参考项目1任务1的相关操作步骤。安装后的LED照明灯可参考图10-28。

图10-28 LED照明灯安装效果

3）安装继电器。从物联网设备中挑选正确的继电器，观察继电器的外观是否有破损等情况。挑选合适的螺钉（十字盘头螺钉M4×16）、螺母、垫片，选用正确的安装工具，在物联网实训工位铁架上安装继电器。可参考项目4任务2的相关操作步骤，先安装继电器的金属底座。安装后的继电器可参考图10-29。

图10-29 继电器的安装效果

4）安装数字量采集器。从物联网设备中挑选正确的数字量采集器，观察数字量采集器的外观是否有破损等情况。挑选合适的螺钉（十字盘头螺钉M4×16）、螺母、垫片，选用正确的安装工具，在物联网实训工位铁架上安装数字量采集器。可参考项目4任务3的相关操作步骤。安装后的数字量采集器ADAM-4150可参考图10-30。

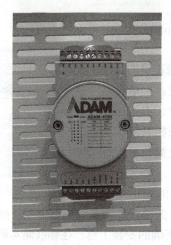 

图10-30　数字量采集器ADAM-4150安装效果

步骤四：连接相关数字量传感器、执行器和采集器的线路

（1）制作连接电源导线和信号线

1）根据继电器、数字量采集器与实训工位稳压电源接线端子的距离以及LED灯底座与继电器的距离，剪取长度适宜的3根红黑平行导线。根据数字量采集器与计算机主机箱的距离，制作一根红黑平行导线。根据数字量传感器与继电器的距离，制作两根信号线。

2）使用剥线钳，将红黑线两端剥掉约0.8cm的绝缘皮。

（2）连接继电器、LED灯座、数字量采集器的电源线和信号线

1）如果相关模拟量传感器的外接延长线长度不够，使用剥线钳将传感器原来的外接延长线剥掉约0.8cm的绝缘皮。

2）使用红黑平行线的红线将继电器的⑥脚连接到12V直流稳压电源的正极，⑤脚连接12V直流稳压电源的负极。

3）设备连线示意图如图10-31所示，按照此图进行继电器线路的连接。使用红黑平行线的黑线将继电器的③脚连接到照明灯的负极，使用红线将继电器的④脚连接到报警灯的正极。

4）使用红黑线，红线一端接数字量采集器的Vs端，黑线接GND端，将红黑延长线连接到实训工位的稳压电源24V处。

5）使用信号线，将继电器的⑧脚接到实训工位的24V直流稳压电源的正极，⑦脚用导线接出，另一端连接到数字量采集器的DO3。

6）使用制作好的红黑平行线，将数字量采集器DATA+/-端子与485转换端子的R/T+和R/T-端口进行连接。红线一端连接数字量采集器的DATA+，另一端连接到转换头的R/T+，黑线一端连接数字量采集器的DATA-，另一端连接到转换头的R/T-。

（3）检查线路连接情况

1）使用数字万用表蜂鸣档测试线路连接情况。首先，检查设备电源线的连接情况。

2)检测LED灯座、继电器与数字量采集器端子线路的连接情况。

3)检测数字量采集器和485转换端子线路的连接情况。

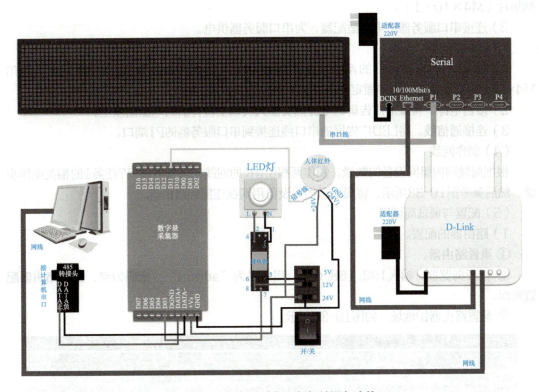

图10-31　数字量采集器与相关设备连线

步骤五：搭建智慧社区局域网

（1）安装路由器

从物联网设备中挑选正确的路由器，观察路由器的外观是否有破损等情况。挑选合适的螺钉（十字盘头螺钉M4×16）、螺母、垫片，选用正确的安装工具，将路由器的两个底座安装上，然后在物联网实训工位铁架上安装路由器。安装后的微波感应开关可参考图10-32。最后，连接路由器的电源适配器，为路由器供电。注意，路由器电源适配器的电源型号要选对。

a)　　　　　　　　　　　　　　b)

图10-32　路由器安装效果

（2）安装串口服务器

1）用M4×16十字盘头螺钉将串口服务器安装到工位上。注意，在设备台子背面加不锈钢垫片（M4×10×1）。

2）连接串口服务器的电源适配器，为串口服务器供电。

（3）安装LED广告屏

1）将LED广告屏背后的两个支架拨到最两边，然后挂到实训工位的架子上，选用M4×16十字盘头螺钉将支架固定在工位架子上。

2）接通电源。将LED广告屏的电源插头插入实训工位背后的电源插座上。

3）连接通信线。将LED广告屏的串口线连接到串口服务器的P1端口。

（4）制作网线

根据局域网内组网设备的数量，制作两根3m长的网线，可参考项目7任务1的相关操作步骤。然后参考图10-33所示，将局域网相关设备用网线连接到路由器。

（5）配置与调试局域网

1）路由器的配置。

① 重置路由器。

② 打开浏览器，输入192.168.0.1。用户名为"admin"，密码为空，进入路由器配置画面。

③ 配置路由器IP地址，如图10-33所示。

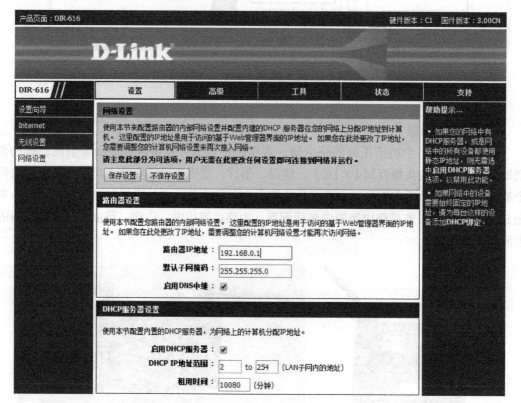

图10-33　路由器配置图

④ 配置路由器无线网络名称、无线加密方式，如图10-34所示。

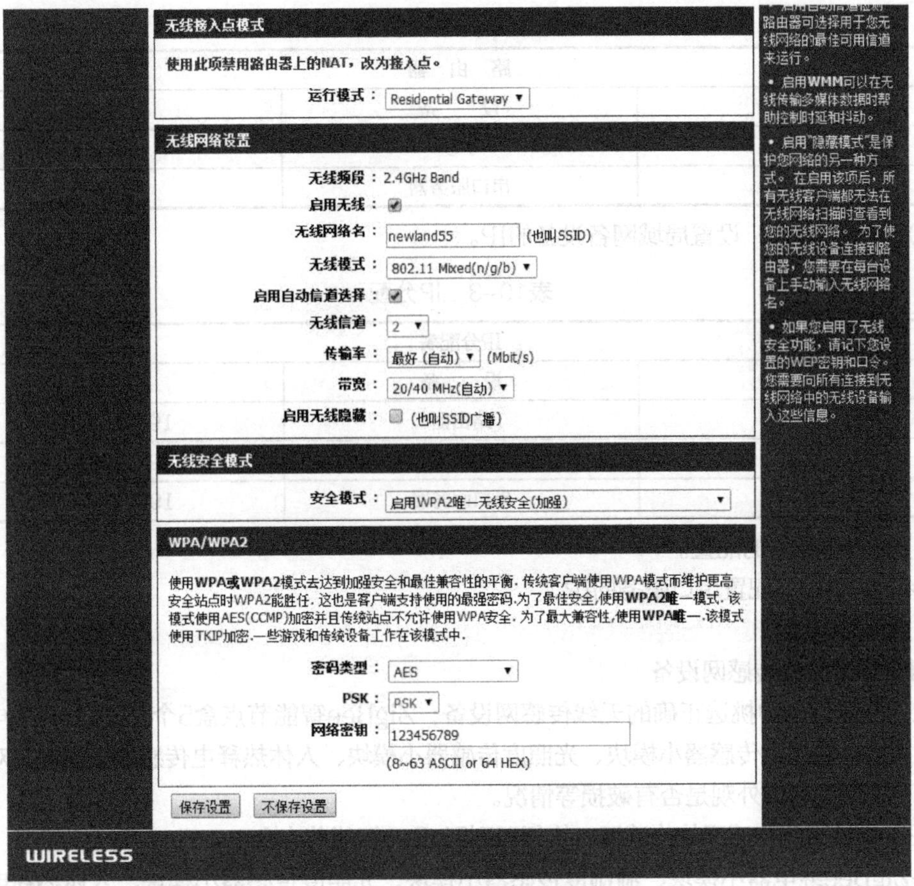

图10-34 路由器配置图

⑤ 设置主机IP地址，如图10-35所示。

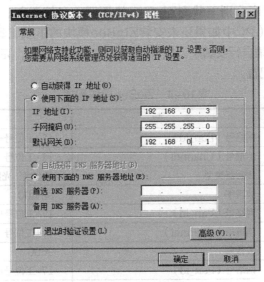

图10-35 IP配置图

⑥ 参考表10-2，用网线将串口服务器、PC连接到路由器的LAN接口。

表10-2　设备连接

路由器		
序　号	设　　备	LAN端口
1	PC	LAN0
2	串口服务器	LAN1

⑦参考表10-3，设置局域网各设备的IP。

表10-3　IP分配

IP分配表		
序　号	设　　备	IP地址
1	路由器	192.168.0.1
2	PC	192.168.0.2
3	串口服务器	192.168.0.3

2）串口服务器的配置。

参考表10-3，配置串口服务的IP。

步骤六：安装与连接无线传感网设备

（1）挑选无线传感网设备

从物联网设备中挑选正确的无线传感网设备：ZigBee智能节点盒5个、ZigBee继电器小模块、风扇、温湿度传感器小模块、光照度传感器小模块、人体热释电传感器小模块，观察相关无线传感网设备的外观是否有破损等情况。

（2）安装无线传感网的传感器、执行器到ZigBee智能节点盒

将ZigBee继电器小模块、温湿度传感器小模块、光照度传感器小模块、人体热释电传感器小模块等安装到ZigBee智能节点盒上。

（3）ZigBee模块程序下载与配置

将资料中提供的程序分别下载到ZigBee协调器（主控器）、3个ZigBee传感器、1个单联继电器模块中（PC中如果还未安装ZigBee模块的下载工具"SmartRF Flash Programmer"，那么请自行安装）。按表10-4给定的参数要求，完成对主控器、传感器模块、继电器模块的参数配置。

表10-4　ZigBee模块配置

设　备	参　数	值
传感器模块 桌面工位各传感器	网络号（Pan_id）	17+工位号+A
	信道号（Channel）	11+工位号
	传感器类型	温湿度、光照度、人体热释
	波特率	38 400
单联继电器模块	网络号（Pan_id）	17+工位号+A
	信道号（Channel）	11+工位号
	波特率	9600
主控器	网络号（Pan_id）	17+工位号+A
	信道号（Channel）	11+工位号
	波特率	38 400

（4）无线传感网设备

1）将下载好程序的无线传感网设备安装到实训工位上。其中，无线传感网ZigBee模块盒底板有磁性吸条，可直接贴到实训工位相关位置上。可参考图10-36所示的智慧社区实训工位布局图。

图10-36　智慧社区实训工位布局图

2）连接ZigBee继电器模块控制风扇。

参考项目8中的相关操作步骤及图10-37所示的连接示意图，完成ZigBee继电器模块控制风扇的线路连接。

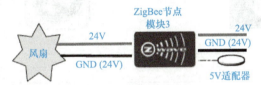

图10-37　连接示意图

3）连接ZigBee主控器模块与串口服务器的通信线路。

使用串口线，一端连接ZigBee主控器模块，另一端连接到串口服务器的P2端口。智慧社区无线传感网设备连接线路图，如图10-38所示。

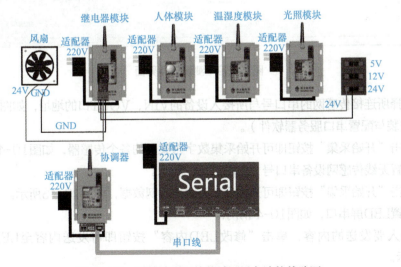

图10-38　智慧社区无线传感网设备连接线路图

步骤七：功能测试

将实训工位的稳压电源开关开启，使用数字万用表电压档测量设备输出稳压电源和 ADAM4 150的供电电压，正常工作电压应为24V。若不正常，则需断电后进一步检查设备通电情况和线路连接情况。

打开"智慧社区"测试软件查看采集数据的情况。

1）运行"项目10安装与调试智慧社区相关设备.exe"软件，界面如图10-39所示。

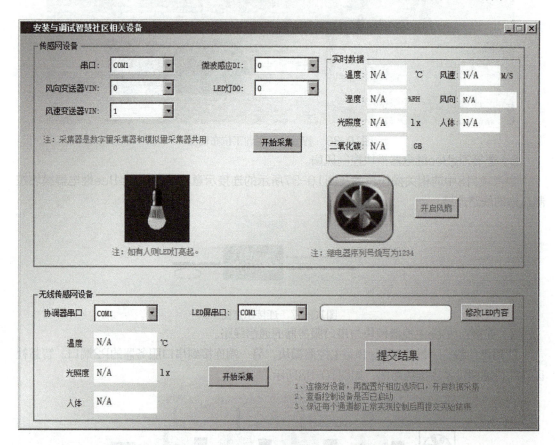

图10-39　测试软件界面

2）选择所连接传感网的串口号与所接入设备的VIN、VOUT口的地址，如图10-40所示（注：需安装与配置串口服务器软件）。

3）单击"开始采集"按钮即可开始采集数字采集器的各个传感器，如图10-41所示。

4）设置无线传感网设备串口号，如图10-42所示。

5）单击"开始采集"按钮即可开始采集无线传感网数据，如图10-43所示。

6）设置LED屏串口，如图10-44所示。

7）输入要发送的内容，单击"修改LED内容"按钮即可发送内容至LED中，如图10-45所示。

项目10 安装与调试智慧社区相关设备

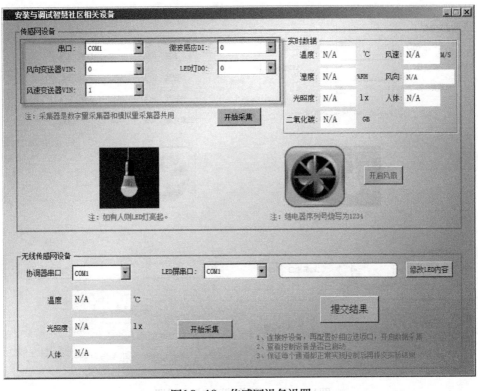

图10-40 传感网设备设置

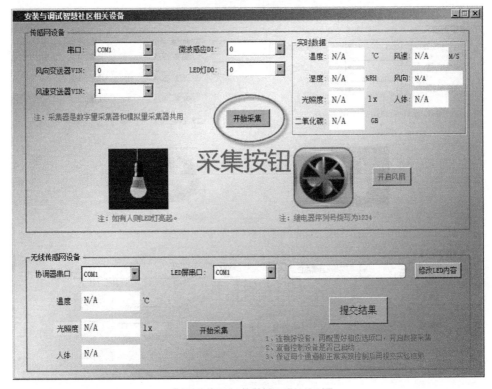

图10-41 数据采集界面

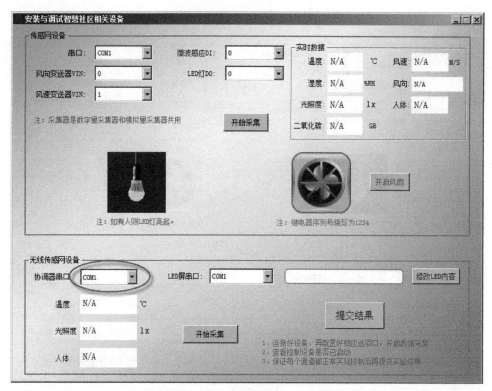

图10-42 无线传感网串口号设置

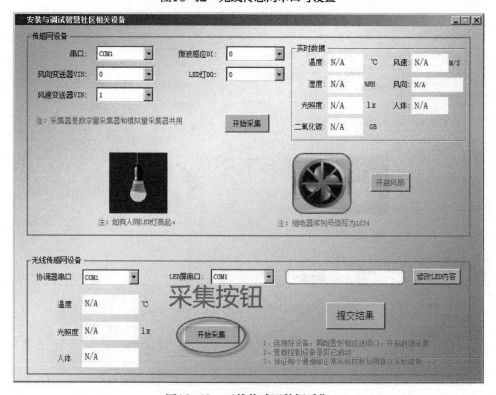

图10-43 无线传感网数据采集

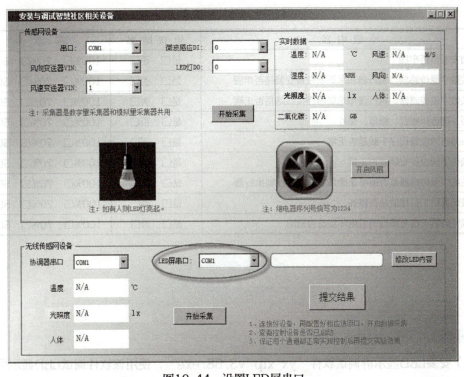

图10-44　设置LED屏串口

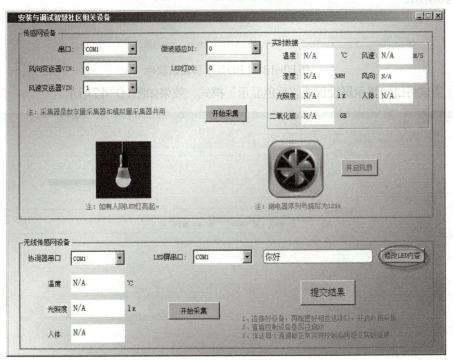

图10-45　LED屏内容发送

任务评价

参照任务完成情况检查表,进行相互检查、评价。

任务完成情况检查表

检 查 内 容	检 查 结 果	满 意 率
卡槽安装是否牢固	是□ 否□	100%□ 70%□ 50%□
相关数字量传感器、执行器和采集器设备安装是否牢固	是□ 否□	100%□ 70%□ 50%□
相关数字量传感器、执行器和采集器连接线路是否正确	是□ 否□	100%□ 70%□ 50%□
是否正确选择螺钉、螺母、垫片	是□ 否□	100%□ 70%□ 50%□
无线传感网设备程序下载是否正常	是□ 否□	100%□ 70%□ 50%□
无线传感网设备安装是否正常	是□ 否□	100%□ 70%□ 50%□
相关数字量传感器是否能够正确采集信息并控制执行器	是□ 否□	100%□ 70%□ 50%□
完成任务后工具摆放是否整齐	是□ 否□	100%□ 70%□ 50%□
完成任务后工位及周边的卫生环境是否整洁	是□ 否□	100%□ 70%□ 50%□

拓展任务：LED显示屏调试

1）安装LED显示屏调试软件"yx_xtp v3.58.exe"，使用该软件调试LED显示屏，如图10-46所示。

图10-46　LED显示屏调试软件

2）尝试将LED显示屏设置成"反色显示"模式，效果如图10-47所示。

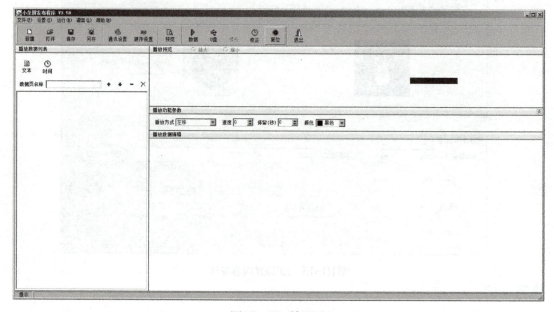

图10-47　效果图

提示：LED显示屏的默认配置密码为88888。

操作视频：LED显示屏安装与调试	

着力提升智慧社区治理效能

当前，信息化、数字化正助力社区网格化管理、精细化服务不断走向深入。《中华人民共和国国民经济和社会发展第十四个五年规划和2035年远景目标纲要》提出，要"推进智慧社区建设，依托社区数字化平台和线下社区服务机构，建设便民惠民智慧服务圈，提供线上线下融合的社区生活服务、社区治理及公共服务、智能小区等服务"。充分利用智能互联技术为基层社区治理赋能，着力提升智慧社区治理效能，有助于夯实基层社区治理的根基，实现防风险、保安全、护稳定等治理目标。

思考启示

智慧社区建设过程中要切实将相关软硬件设备运用到为百姓解决"痛点""难点""堵点"，提高社区居民服务的质量及水平。比如，构建基层智慧社区治理服务平台时不能简单复制已有模式，应更多照顾到当地居民的生活习惯、文化水平，以及老年人、残疾人等人群的实际需求，重视对信息弱势群体的帮扶与培训，使其享受到智慧治理给生活带来的便利。打造规范的数据管理制度，充分保障居民个人信息安全。采集和利用基层数据资源时，必须高度重视数据安全性和公民个人隐私权保护问题，加快制定关于数据采集、数据存储、数据保护、数据产权归属等规章制度，明确数据拥有者、使用者、管理者各自的权责归属，从根本上助推基层治理体系和治理能力现代化。